Os misterios do livro de Enoque

Completo

6ª Edição

Reginaldo Terron

Os segredos do livro de Enoque Completo

6a Edição

A história do manuscrito e suas revelações

Reginaldo Terron

Sobre o autor

Reginaldo Terron é um autor e músico brasileiro conhecido por seu trabalho em áreas distintas, como a música e a literatura esotérica. Musicalmente, ele é reconhecido por suas composições que misturam elementos introspectivos e místicos, como no álbum "Portrait of Soul" lançado em 2021, que explora temas profundos através de melodias envolventes.

No campo literário, Reginaldo Terron se destaca pela autoria de vários livros que exploram os mistérios do Livro de Enoque, uma obra apócrifa que fascina muitos estudiosos e entusiastas da espiritualidade. Entre seus trabalhos, estão títulos como "Os Mistérios do Livro de Enoque: Versão Completa" e "Os Mistérios do Livro de Enoque: Beemote e Leviatã", que abordam temas complexos relacionados à interpretação espiritual e esotérica desse antigo texto.

Além disso, Terron mantém uma presença ativa em plataformas digitais como YouTube, onde compartilha reflexões e análises sobre a vida espiritual, sempre com um enfoque na compreensão profunda e no desenvolvimento pessoal.

O autor tem sido um pesquisador constante do manuscrito de Enoque e o considera revelador em suas mensagens. Sendo apresentado através de uma linguagem figurada através de alegorias, metáforas, parábolas e símbolos enigmáticos, seu conteúdo é um tanto de difícil interpretação e fascinante. Porém traz a compreensão da ascensão da alma na busca por consciência.

Sobre o livro

Agora em sua sexta edição, o novo livro traz ainda mais conteúdos sobre a origem do manuscrito de Enoque e suas mensagens para os dias atuais.

Vivemos em uma sociedade agigantada em seu ego. Onde o amor tem se transformado em utopia. O ressuscitar de uma verdade exposta pelo profeta, nos leva a compreender nossa caminhada existencial e os enfrentamentos da alma que deve lutar contra o egocentrismo e a egolatria. .

Analiso toda a ascensão da alma na busca por consciência de si mesmo. Quem somos? Qual nossa missão existencial? O que estamos fazendo aqui? Estas e outras perguntas nos põe num terrível abismo profundo da nossa própria ignorância e nos torna um desconhecido de si mesmo. A jornada que nos leva ao encontro do Eu sou interior. Nos leva ao encontro do estado Paradisíaco o qual torna nossa mente blindada e pronta para os enfrentamentos.

E quando encontramos a nossa essência interior podemos nos decepcionar com o que veremos.

Assim surge a proposta de obtermos uma nova essência, a de Cristo. Porém, muitos serão nossos desafios. E Enoque narra um pouco dessa trajetória.

Saindo do território da ignorância, do caos, partimos para buscar uma elevação em nossa consciência. Vamos progressivamente obtendo um autoconhecimento de si mesmo e recebemos uma nova proposta oferecida por Cristo. Se tornar como Ele.

5.11 E ele destruiu todos de seus lugares, e não sobrou nenhum deles que Ele [Deus] não tivesse julgado de acordo com toda a maldade deles.

5.12 E ele fez para toda sua obra **uma nova e justa natureza,** de modo que eles não deveriam pecar em toda sua natureza para sempre, mas deveriam ser todos justos cada um do seu modo.

5.13 E o julgamento de tudo foi ordenado e escrito nas tábuas celestes em justiça. Mesmo (o julgamento de) todo que se desviou do caminho o qual o foi ordenado a andar; e se eles não andarem direito [pelo caminho ordenado] julgamento está escrito para cada criatura de cada espécie.

5.14 E não há nada no céu e na terra, ou na luz ou nas trevas, ou no Inferno, [em Sheol] ou nas profundezas, ou nos lugares das trevas (que escape a julgamento); e todos seus julgamentos estão ordenados, escritos e gravados.

5.15 No que diz respeito a tudo o que Ele julgará, o grande de acordo com sua grandeza, e o pequeno de acordo com sua pequenez, e cada um de acordo com seu caminho.

5.16 E Ele [Deus] não é aquele que vai considerar a pessoa, nem é Ele alguém que recebe presentes. Se Ele diz que vai executar o julgamento o fará.

Jubileus 5

Ele criará uma nova e justa natureza, porque a velha foi contaminada pela corrupção.

Decifra-me ou devoro-te. Acredito que todo mundo já ouviu esta frase. Muito enigmática que até hoje perdura e é especulada sem uma respostas para muitos.

Ela se encontra no Egito.

Queriam os egípcios eternizar a verdade do autoconhecimento? No meu ver, sim.

Por que é tão difícil saber sobre nós mesmos? Parece que um véu foi posto sobre a nossa consciência e precisamos descortina-lá. Mas como?

Depois de publicar muitos dos meus livros em edições anteriores, agora trago um apanhado geral de todos os assuntos que estão em outras publicações. E quero penetrar mais profundamente no tema tão polêmico que se encerra neste manuscrito.

Esta já é a sexta edição e continuo acreditando que em todas as mensagens e conteúdos cada vez mais faz iluminar nosso entendimento. Acrescentei aqui mais coisas interessantes.

As revelações contidas no manuscrito de Enoque, nos faz conhecer um pouco da trajetória da alma na busca por sua autocompreensão e é uma das etapas principais deste avanço por uma consciência maior.

Pelo menos vamos abrindo nossos olhos acerca daquilo que podemos considerar como os inimigos de nossa alma. As vaidades e a soberba. Dois terríveis inimigos da alma.

Falo de mistérios, revelações e corrupção de consciência. E são os sistemas responsáveis pela grande maioria, políticos e religiosos deste mundo são os agentes os quais corroboram para que o coletivo inconsciente opere criando uma estrutura mental pensante nos homens extinguindo assim toda a sua humanidade tornando-os criaturas bizarras.

Sistemas que devoram a própria humanidade como narra o profeta e ressalta esse enigma.

A sociedade corrompida que é como um leão que ruge com fome pronta a devorar ao derredor tentando tragar nossa alma iludindo-a com os enganos da vaidade e soberba.

Espero poder ajudá-los a compreender um pouco a esta dinâmica a que estamos sujeitos e submetidos. E como estas coisas têm sido destruidoras dos valores divinos.

ISBN:

Pense!

"Felizmente, alguns nascem com sistemas imunológicos espirituais que, mais cedo ou mais tarde, rejeitam a visão de mundo ilusória enxertada neles desde o nascimento através do condicionamento social.

Na Busca, eles começam a sentir que algo está errado e começam a procurar respostas. O conhecimento interno inserido na mente torna questionável e as experiências anômalas mostram a eles um lado da realidade que os outros ignoram, e assim começa sua jornada de despertar para uma consciência.

Cada passo da jornada é feito segundo o coração em vez de seguir a multidão e transpassando o conhecimento sobre os véus da ignorância."

Henri Bergson (1859-1941) Por "Eckhart Tolle em Português"

O brilho dos eleitos

Os eleitos estão por aí espalhados pelo mundo todo. Poucos os vêem e sempre estiveram presentes na história da humanidade.

Igualmente estão os gigantes. Infiltrados nos governos, na dominação da massa e impondo seu poder insaciável do ego. São eles os inimigos dos eleitos e guerreiam num armageddon mortal.

E eles brilham.

O que falar do brilho dos eleitos

Um fulgor que quase não é visto pois está muito além, nas alturas.

O brilho somente será visto, por aqueles que também se elevam no entendimento e se aproximam do firmamento

Reparem que, certos astros do céu que não são vistos a olho nu da terra. Para vê-los, precisamos sair dessa atmosfera e entrar no espaço sideral.

Assim são os eleitos. Estão tão acima e distantes que até passam despercebidos pelas pessoas comuns.

A identidade de um eleito é misteriosa.
Pouco a pouco o eleito deixa os altos céus onde conheceu o Paraíso e retorna para a sua missão para combater a corrupção.

Após ter alcançado o estado Paradisíaco e a misericórdia plena, estará capacitado para fazer guerra e lutar contra o mundanismo e a corrupção.

Longe das glórias do mundo, dos holofotes, em pleno anonimato, distante sempre do reconhecimento, das vaidades e soberba da vida. Eles fogem daqueles que os podem corromper com suas lisonjas e põem a sua alma em risco. Exercendo seu papel como um bravo soldado, ele luta contra toda iniquidade e mundanismo como menciona Judas em sua epístola. Reprovando todas as obras das trevas, o eleito segue em frente em sua missão mesmo sofrendo as dores da cruz.

Sempre no anonimato, porém fazendo brilhar a glória do Senhor num mundo escuro tomado pelas trevas da ignorância. Ele não tem brilho próprio, mas reflete o da Justiça do seu Senhor que é o astro maior.

Esta é a guerra e a peleja contra um mundanismo corrupto e perverso que se alojaram nas mentes.

Como um eleito cheio do verdadeiro amor, ele sabe fazer justiça. Considerando o juízo tão necessário.

Sempre tendo uma postura justa como deve ter os que foram justificados por Cristo

Se preciso, sofrendo as aflições como um bom soldado de Cristo.

Protegidos e abrigados no seu amor, caminham sempre prontos para a guerra.

Principalmente, sabendo amar de maneira justa e como praticá- lo com cada um considerando as dignidades.

Um eleito cumpre ordens, sabe estar oculto e jamais revelará sua identidade pois teme a contagiosa lisonja. Pois ele sabe que a lisonja sustentará a soberba. E por fim a queda.

Muito cuidado com aqueles que querem a auto promoção. Os que buscam os holofotes amam os aplausos e glórias do mundo.

O brilho dos eleitos não pode ser visto. E o será somente para os que se elevam no entendimento.

Fuja daqueles que se dizem eleitos mas amam aparecer em público demonstrando seus supostos poderes sobrenaturais..

Arhi el Luzi

Dedicatória

Dedico este meu livro a todos quantos crêem em Cristo e que se cansou de tanta religiosidade que engana e leva à corrupção a consciência espiritual

Prefácio

O que esperar de um livro cujos conteúdos são polêmicos e especulativos.
E, ao mesmo tempo, é uma compilação que atravessou milênios? É natural que surjam dúvidas. Podemos realmente confiar nos relatos e revelações que um manuscrito antigo traz?

A história nos ensina que compilações podem ser modificadas e moldadas por distorções, interesses políticos, religiosos e outros fatores que influenciam seu conteúdo. A história já nos provou isso.

Contudo, os oráculos que este manuscrito nos apresenta não nos enganam.
O profeta descreve a luta interna da psique humana, que precisa superar o egocentrismo, a egolatria e o superego. Forças destruidoras que distorcem os valores divinos agregados na essência do ser humano.

Como um escrito milenar pode
nos alerta sobre a perda dos valores originais contidos em nossa essência e que nos deixam desumanizados.
Pouco a pouco esses valores vão sendo extintos, enquanto outros corruptos ocupam seu lugar. Desta forma a sociedade se torna ameaçadora.

Não pretendo julgar a veracidade dos pergaminhos, mas trazer à tona qual a proposta central deste manuscrito.
Ele nos ensina que a alma humana luta contra as vaidades e a soberba da vida, as quais a impedem de encontrar sua essência. Esse caminho ao interior da essência é real. Abandonar o mundo contido na cabeça moldado pela cultura, pelos sistemas e descer em busca de si mesmo, será um desafio.

Porém diante de tantas revelações fica difícil compreender essas mensagens quando existem diversas interpretações conflitantes acerca do livro de Enoque.

Uns mistificam, outros criaram narrativas fictícias. Muitos interesses políticos e religiosos colocaram um véu sobre suas revelações. Há de tudo sobre esse manuscrito,
Mas o que trago aqui apesar de parecer controverso para muitos, para mim, é revelador.

Compartilho, neste livro, um pouco do entendimento que obtive acerca dos pergaminhos e manuscritos relacionados ao profeta.

Uma das coisa que mais me intriga é o fato de um povo que foi o responsável por guardar esse tesouro literário isolar-se de seus conterrâneos para viver longe.
Falo dos essênios.
Porque os essênios, aos quais se atribui a origem desses textos, decidiram viver à parte, isolados dos outros judeus de sua época?

Acredito que eles perceberam que, em uma sociedade corrompida, até mesmo aqueles que buscam a santidade podem se perder, quando seus valores não são preservados.

Não é fácil falar sobre um manuscrito apócrifo, principalmente quando as ideias expostas divergem de muitas das ideologias tradicionais.
Se o profeta e os seus seguidores sofreram com as más interpretações. Quanto mais nós sofreremos diante de tanta abundância de informações !

Um manuscrito, por ser uma cópia, pode sim conter erros, mas isso não diminui o valor das suas mensagens. A proposta e os ensinamentos que ele carrega permanecem inalterados, porque o Espírito os revela.
Eles mesmo nos impressionam com sua força e profundidade e o lado interpretativo que queira nos levar ao misticismo, aos sinceros sempre haverá a manifestação da verdade que se descortina.

O que mais me impressiona neste manuscrito é que ele fala do ego que cresce quando abandonamos nossa essência e bloqueia a busca pela verdade interior.
E a santidade e o afastamento crua im escudo de proteção que nos blindam contra as influências externas de um mundo enganador que age sobre o inconsciente coletivo e molda a mentalidade da sociedade.

Ele revela a luta da alma que deseja escapar do caos mental. Quando falo da alma, me refiro à mente, pois é a nossa mente que impulsiona a alma determinando como resultado nossas ações e nossos comportamentos. Nós somos aquilo que pensamos.

Muitos que buscam livros sobre Enoque esperam encontrar discussões sobre ficção científica, mistérios de civilizações antigas ou até teorias sobre alienígenas.
Não é isso que trago neste livro. O que abordo aqui é a batalha contra o ego, o superego e a necessidade de se afastar das estruturas mentais na sociedade que corrompem a mente por meio dos pensamentos, e que são eles disseminados e com o propósito de moldar as mentes e os fazem através da mídia, nas relações pessoais ou por outros meios que possam sugestionar influências às nossas crenças e pensamentos.

Para aqueles que buscam o verdadeiro arrebatamento de seus pensamentos, como diz o manuscrito, o ensinamento deste livro é claro: é necessário se isolar das influências externas, para que possamos alcançar um estado paradisíaco e nos tornar protegidos de um mundo cheio de enganos.

A corrupção mental se instala como um vírus, distorcendo nossa programação interna.

O arrebatamento, como é descrito, nos conduz a este estado paradisíaco, protegendo-nos dessas forças malignas das vaidades e soberba.

O que tenho a dizer é profundamente espiritual e não se baseia em nenhuma teoria conspiratória ou questionamento das descobertas científicas e arqueológicas.

O que busco compartilhar com vocês são as revelações que obtive por intermédio da Graça de Cristo, as quais me ajudaram a compreender como a alma humana se perde na busca pela consciência de si mesma.

E, sem a verdadeira Graça de Cristo, essa busca nos leva ao caos mental cada vez mais profundo da nossa própria ignorância. Assim, ocorre a morte da essência espiritual humana e torna os homens em terríveis criaturas.

Se você espera encontrar aqui relatos sobre gigantes ou criaturas misteriosas, talvez este livro não seja o mais adequado para você. Mas, se sua busca é pela consciência verdadeira, este livro pode oferecer as revelações que talvez você estivesse à procura.

Falo do ego, do superego e da necessidade de resgatar a nossa humanidade perdida em razão da corrupção instalada na mente.

E buscando uma verdade espiritual que está dentro de nós, partamos livre dos enganos.
E tendo despertado a consciência que, todo o conhecimento que adquirimos fora de nós, sem que seja através da Graça divina, torna-se perigoso e corrompido que macula e torna imundo e sujo distorcendo a mente humana.

Somente um sacrifício genuíno será capaz de purificar essas vaidades, ressuscitando a verdade contida no interior.

O livro de Enoque mostra um período necessário para todos que buscam o seu autoconhecimento e os riscos de serem derrotados pelo próprio ego.
Ele fala sobre a luta interna e sobre a obstrução do entendimento e a necessidade de encontrar a porta que nos leva ao verdadeiro conhecimento.

O superego e a corrupção mental criam barreiras e obstáculos para que a sabedoria verdadeira seja conhecida.
Faz uma alusão mostrando que, através da pregação do evangelho e da renovação mental podemos vencer o ego e a corrupção.

Um verdadeiro tesouro de revelações.

A verdade, muitas vezes, exige coragem para ser encarada de frente.

Para chegar até aqui, precisei renunciar as muitas mentiras que dominavam minha mente.

Ao fazer isso, as manifestações das revelações se tornaram cada vez mais intensas, e o mesmo acontecerá com todos que seguirem por esse caminho.

Este livro foi escrito ao longo de cinco anos, com muita reflexão e coragem. Comecei no Brasil e pensei tê-lo concluído em Gavorrano, na Itália. E quando pensei que o tinha terminado, descobri muito mais revelações que surgiam e precisava incluí-las no meu histórico.

E as revelações continuam e não param, e o meu desejo é compartilhá-las com todos que desejam compreender a verdadeira proposta do cristianismo.
Não mais vê-lo como uma religião, mas como um caminho de transformação mental profunda.

A convivência entre culturas me mostrou como as influências externas moldam nossos pensamentos e comportamentos.

É necessário coragem para enfrentar os sistemas que dominam o mundo. Enoque enfrentou uma sociedade corrompida em sua época e mesmo isolado, permaneceu firme em sua visão.

Hoje, mais do que nunca, a história se repete. A luta contra um sistema corrupto que opera no inconsciente coletivo de uma sociedade e molda suas ideologias políticas e religiosas, é um desafio constante que precisamos vencer.

Se você deseja compreender o que está contido neste manuscrito e as mensagens que ele transmite, esteja preparado para enfrentar a realidade da corrupção mental que o combate fortemente como uma tempestade impetuosa.

O caminho para a libertação da alma passa pelo entendimento e pela coragem de confrontar essas influências corruptas que estão em todo lugar.

Boa leitura.

Índice

Introdução

Porque da série "Os mistérios do livro de Enoque"

O manuscrito de Enoque encerra tantos mistérios que se torna realmente um desafio falar sobre todos eles em um só volume.

O conteúdo das informações se expandem num leque e são tantas as interpretações divergentes que deram origem a tantas fábulas e mitos as quais distorcem e nos afastam das verdades.

Cheio de enigmas e escrito em uma linguagem completamente figurada, sua compreensão se torna difícil.

Muito além desta complexidade no entendimento, ele encerra mistérios e oráculos de difícil interpretação.

Em suas linguagens o livro é complexo demais na sua compreensão. Por essa razão achei melhor torná-lo particionado distribuindo em vários volumes de livros abordando os diferentes assuntos e temas em cada uma das edições da série.

O que mais dificulta o entendimento é a mente mistificada onde criaram-se tantas coisas absurdas relacionadas aos manuscritos que tornaram suas mensagens muito mais difíceis de serem compreendidas.

E para essa grande maioria, tendo a mente doutrinada nas fábulas e mitos, como um fantasma norteiam e cortinam todas as revelações as quais estão por detrás desse tão misterioso manuscrito.

Seu surgimento repentino também foi algo sobrenatural e surgiu pegando todos de surpresa. E de forma surpreendente impactou os muitos dos sistemas religiosos, suas doutrinas e especulações. As mensagens destes manuscritos vieram como um estrondo e jogaram por terra muitas das ideologias e doutrinas criadas por mentes pervertidas das verdades divinas.

Após anos escrevendo sobre eles, vi o quanto é embaraçoso, complexo e desafiador falar de suas revelações. É um amplo território a ser explorado e há muitos assuntos a serem analisados por partes, abordando temas interessantes que dá para ser extraído em cada uma das narrativas. Por serem muitas, seria impossível em um só livro falar de todas.

O vejo como um amplo e vasto território a ser explorado em seus mínimos detalhes. Uma longa e árdua jornada onde cada etapa amplia cada vez mais a nossa compreensão espiritual acerca de suas mensagens.

Por esta razão decidi criar uma série. E precisamente nesta, tendo como tema central os mistérios do livro de Enoque, vou fazer um apanhado geral e resumido dos assuntos relacionados ao cenário o qual viveu Enoque ou daqueles que compilaram sua história traçando um paralelo profético para todos os tempos. Até mesmo para os dias atuais.

A todos que são atraídos por este tema tão polêmico e intrigante, entre os pergaminhos encontrados no século passado em Qumran. Poderemos agora, progressivamente, compreender um pouco de suas mensagens.

O DESAFIO DE ESCREVER UM LIVRO PRINCIPALMENTE COMO ESTE.

Ter um punhado de ideias na cabeça é uma coisa, mas expô-las ao público é um desafio a ser enfrentado.

Principalmente se aquilo que você quer transmitir contraria os muitos dos sistemas.

Anos, décadas e por não dizer milênios levaram para se construir muitas das ideias que perduram hoje e estão aí como verdadeiras muralhas aprisionando as mentes com suas doutrinas diabólicas. E estas necessitam ser derrubadas como as de Jericó.

Só quem se põe a este desafio sabe do que estou falando. Há uma tremenda guerra ideológica que se levanta contra tudo e todos que quer mudar conceitos, paradigmas e costumes oriundos de um tradicionalismo social e religioso.

As revelações acerca do manuscrito não surgiram do nada. Tive que viver uma experiência pessoal que as antecederam. E eu atribuo a tudo que me aconteceu no decorrer destas experiências responsáveis por estas revelações. Vou contar como tudo começou.

Houve renúncias. Principalmente naquilo que concerne às ideias religiosas.

E diante das revelações que surgiam no decorrer do caminho, não houve escolhas pra mim. Antes se tornou uma necessidade e satisfação falar delas. E passar aquilo que estava recebendo como revelação era de fato algo glorioso. Porém, houve muitas oposições, principalmente dos sistemas. Precisei renunciar.

Mas parece que nesta hora, uma força me tomou e assim criei coragem para enfrentar tudo que tentava se opor.

Eu precisava compartilhar aquilo que pra mim agora era a mais gloriosa das verdades. E como se calar diante de tamanha consciência a qual estava sendo adquirida com as revelações!

Sabendo já de antemão que seriam grandes os enfrentamentos e oposições, pois nem todos iriam concordar com aquilo o que eu queria transmitir. Me prepararei para os enfrentamentos. Muitas seriam as oposições e foram. As polêmicas e questionamentos surgiram e eu precisava estar pronto para enfrentar tudo que viesse contra.

E assim algumas coisas foram acontecendo na minha vida antes que eu me sentasse diante de um teclado de computador para dar início ao meu plano de escrevê-las e expor um pouco de tudo aquilo que estava vivendo na experiência com a divina graça.

Hoje resido na Europa e vim parar aqui sem mesmo dar conta. Deixar o Brasil seria algo que estava totalmente fora dos meus planos. Mas em tudo há propósito. Hoje entendo porque estou vivendo na Alemanha. Foi necessário para escrever meus livros. Neste ambiente onde as oposições são menores talvez.

Quero falar mais desse assunto um pouco mais a frente.

MAS QUANDO TUDO COMEÇOU?

Como escrevi na minha biografia de autor que fui um pastor evangélico. E jamais imaginei um dia estar fora de um sistema religioso. Principalmente tendo uma formação um tanto radical com relação à denominação a qual eu fazia parte.

Durante toda a minha vida sonhei em construir uma carreira. Desde a minha adolescência procurei esse caminho. Nesta busca, fiz cursos técnicos e profissionalizantes sempre buscando acertar uma carreira a qual viessem me satisfazer.

Na minha juventude, entrei para a faculdade de direito. Pensava, quem sabe ser um advogado ou prestar um concurso público, seria algo promissor, pensava eu. Mas parece que nada me satisfazia. Algo dentro de mim não corroborava com tudo aquilo que pretendia fazer. Juro que tentei vários caminhos, mas parece que as circunstâncias não colaboravam.

Até que um dia conheci uma determinada denominação religiosa e fiquei tão contagiado e convencido que estava ali o que eu tanto buscava como carreira que me lancei nesta ideia. Decidi então ser pastor. Dediquei todo meu esforço, empenho e logo eu estava à frente de algumas congregações.

E fazia aquele trabalho com muita dedicação e seriedade. Fui então me especializando, fiz cursos de teologia e tudo mais que poderia contribuir para obter uma carreira promissora.

E assim me dedicava e investi toda a minha vida neste propósito. Parece que eu havia encontrado aquilo que tanto procurava por anos.

Tive um ministério na igreja que progredia a cada dia.

E integrando-se a ele comecei então a participar dos bastidores onde ocorriam os maiores problemas de um sistema organizado. E os conflitos internos me assombravam. Nunca imaginei que a síndrome do poder habitasse na mente daqueles homens que seriam os representantes de Deus na terra.

Mas como todo o sistema, esse não era diferente. Comecei a ver o jogo sujo na busca pelo poder, a avareza e o amor pelo dinheiro. Tudo que eu via me decepcionava cada vez mais. Uma elite que queria dominar e controlar tudo.

Enfim, por mais que estas coisas me constrangiam, fui desenvolvendo meu trabalho no ministério sem deixar que estas coisas me contaminassem.

E tudo corria bem, até que um dia fomos numa reunião a qual fazíamos toda semana na casa de um membro da igreja que eu era responsável.

Era um lugar retirado, um sítio e uma caravana nos acompanhavam sempre nestas reuniões.

Neste período, a igreja que eu dirigia estava vivendo um grande avivamento. A alegria e o prazer de estar fazendo o trabalho do Senhor estava contagiante entre os membros.

Apesar da liderança na central estar corrompida, nós na congregação gozavamos da presença do Espírito. E cada vez mais ingressavam novos membros.

Mas naquela noite algo mudaria o rumo das coisas.

Durante a reunião, ao abrir a Bíblia sagrada para ler um trecho algo sobrenatural aconteceu. As palavras escritas saltaram de maneira que nunca eu havia visto em toda trajetória do meu ministério. Parece que estava se abrindo meu entendimento e as escrituras sagradas deixaram de ser um mistério em muitas de suas partes.

Tudo então passou a fazer sentido e meus olhos se abriram naquela noite.

Isto faz quase trinta anos atrás e até hoje sigo esta luz. Aprendi a renunciar e abrir mão do próprio ministério o qual fazia parte e tantas outras coisas que no decorrer da caminhada fui tendo consciência. A presença divina tornou-se real em mim. Uma paz e um gozo profundo tomou minha mente.

Foi assim que os sistemas não mais reinaram sobre a minha mente. E pouco a pouco fui me libertando das amarras dos sistemas.

Porque dou este testemunho? Porque foi neste dia que tudo começou. E na medida que caminhava nesta luz cada vez mais era elevado no entendimento.

A compreensão de algumas partes de livros apócrifos também passaram a se revelar principalmente no manuscrito de Enoque. Quando tive acesso a este, fiquei impressionado com as revelações.

O entendimento se abrirá progressivamente na medida que formos achados dignos.

Esta é a condição. Se realmente nos entregarmos a fé nessa luz que nos guia. E se perseveramos nela, com certeza receberemos como prêmio a compreensão daquilo que não compreendemos progressivamente.

Assim, não precisaremos mais dos sistemas para alimentar nossa alma. O pão ázimo descido dos céus trará o entendimento que precisamos para vencer os enganos e mentiras deste mundo.

As experiências de uma consciência maior começam quando encontramos a porta e passamos por ela. Aprenderemos que renunciar garantirá a progressão no caminho e junto a esta atitude sofreremos as dores da perseguição para poder continuar. Mas o consolo nos é prometido se realmente queremos seguir em frente. Foi assim que tudo começou.

Deixei de ser Pastor para ser um peregrino em busca da verdade.

Imagens Google

Capítulo 1

A origem do livro

Vamos ver um pouco da história do manuscrito encontrado em Qumran.

O que é apócrifo?

A palavra apócrifo deriva do latim e do grego.

A palavra é muito usada para referir-se a livros.

Este termo significa a falta de autenticidade de uma obra. Podendo ser considerado também o que é falso ou aquilo que não foi possível comprovar a autenticidade. Ou seja, não é possível dizer ao certo qual é a sua origem. Isso não significa que é algo ruim, mas apenas que não é possível constatar a autoria.

Ao constituir a bíblia em seu conteúdo na canonização, alguns livros foram deixados de fora. E alguns críticos afirmam que o propósito de mantê-los isolados da constituição da bíblia eram meros interesses políticos do império romano.

E o livro de Enoque fora um deles.

Mas tudo mudou quando um homem chamado Muhammed edh-Dhib, da tribo beduína dos Tamirés, foi o responsável de um achado arqueológico que mudaria toda a história. Na primavera de 1947 na costa ocidental do Mar Morto, algo aconteceu. Segundo relatos ele estava procurando sua cabra que lhe teria fugido.

Algumas especulações afirmam que ele procurava um esconderijo adequado para o seu contrabando, que naqueles dias os beduínos transportavam da Jordânia para a Palestina.

Bom, seja qual fosse a razão, o que importa é que com isso ele trouxe à tona um polêmico achado que revolucionaria pesquisadores do mundo inteiro, o mundo religioso e também do público em geral.

Quando Muhammed descobriu a cerca de 1,5 km ao norte da antiquíssima ruína de Qumran a abertura particularmente pequena de uma caverna, nela ele viu 50 jarros de barro cuidadosamente enfileirados junto à parede. Um daqueles jarros de 60 cm de altura havia se quebrado com a pedra que ele havia atirado.

O que ele achou nos jarros foram apenas alguns rolos de couro terrivelmente lambuzados e enegrecidos, que depois ele examinou melhor. Ninguém dos seus companheiros da tribo sabiam o que fazer com os caracteres escritos naqueles velhos rolos. Os beduínos não tinham noção de terem nas mãos um tesouro mais valioso que ouro e prata, que iriam mudar muitos conceitos políticos e religiosos.

Após algum tempo eles conseguiram vender seu achado ao arcebispo Atanásio Yeshue Samuel, da comunidade ortodoxa síria por 92 dólares.

Passado alguns anos depois, o Estado de Israel pagou ao bispo 250.000 dólares por seus rolos.

Conta-nos a história que o arcebispo tentou descobrir o que, afinal, ele havia comprado, já que ele não conseguia decifrar aquela antiga escrita. E foi em fevereiro de 1948, que um jovem estudioso da Bíblia americano Dr. Trever, reconheceu imediatamente que aqueles rolos constituíam um verdadeiro tesouro bíblico.

O mais longo dos rolos revelou-se uma cópia do livro do profeta Isaías. O formato das letras permitiu deduzir que o rolo deveria ser do primeiro ou segundo século antes de Cristo.

Seria a mais antiga cópia completa de um livro da Bíblia em hebraico. A data do manuscrito de Isaías estimava-se para meados do Século II a.C. Onde foi confirmada em 1991 e 1994 por meio de ensaios radioativos.

Ainda hoje o achado constitui uma maravilha arqueológica. Qumran, guardava o manuscrito bíblico hebraico completo mais antigo do Século X depois de Cristo (o chamado Códice de Leningrado).

Agora em mãos um livro bíblico completo do Antigo Testamento com mais de 1.000 anos anterior aos manuscritos medievais. O rolo de Isaías tornou-se nada menos que o padrão de avaliação da tradição bíblica. Todavia, constatou-se que o texto fora transmitido com extraordinária precisão.

E este não foi o único achado. Até 1956, os beduínos descobriram mais dez cavernas com restos de aproximadamente 1.050 rolos de manuscritos, estes haviam-se desintegrado em dezenas de milhares de fragmentos. Os especialistas tiveram de selecionar e reunir com muito esforço mais de 80.000 fragmentos de rolos.

Assim, a Administração Jordaniana de Antiguidades criou na década de 1950 uma equipe internacional para o estudo dos rolos. A partir dos 80.000 fragmentos foi possível montar 15.000 partes de manuscritos consistentes e os especialistas conseguiram identificar cópias de quase todos os livros do Antigo Testamento.

Encontraram-se nove cópias do livro de Jeremias.

No total, os textos de Qumran são restos de 1.050 rolos. A maioria dos textos está escrito em hebraico, alguns são aramaicos e alguns poucos estão em grego. Dentre os textos de Qumran, cerca de 150 rolos contêm cópias dos apócrifos, entre eles Tobit, Sirácida e o Salmo 151 e textos pseudepigráficos entre eles o livro de Enoque e os Salmos 152 a 155. Há também 600 rolos de literatura judaica extra bíblica, a Regra da Comunidade, o Comentário de Habacuque, os Rolos do Templo, da Guerra e de Cobre.

As cavernas de Qumran continham todos os livros do Antigo Testamento, exceto Ester.

Os livros de cópias Deuteronômio e Salmos; depois Gênesis, Êxodo, Isaías, Levítico, Números, Daniel e os 12 profetas menores. De todos os outros livros existem menos de 10 cópias. De 1 e 2 Crônicas e de Esdras só existe um fragmento de cada.

Todavia, além de rolos de textos bíblicos e das cópias dos textos conhecidos como apócrifos, também se encontraram escritos judaicos até então totalmente desconhecidos. A maioria dos pesquisadores vê nesses escritos o legado dos essênios; Nas últimas décadas apareceu uma verdadeira "avalanche" de livros sobre o tema "Jesus e Qumran", incluindo mesmo a tese de que o Vaticano esteja impedindo a publicação dos rolos de Qumran, tendo-os declarado como "matéria sigilosa" porque os textos conteriam material sobre Jesus Cristo altamente explosivo para a Igreja Católica.

Além disso, em 2007 o Museu de Israel publicou na internet todos os rolos de manuscritos em seu poder por meio de uma parceria com o Google, o que inclui o grande rolo de Isaías e o Comentário de Habacuque da Caverna 1.

A digitalização custou cinco milhões de dólares ao Google. Além disso, desde 2012 também se podem baixar da internet fotos digitais em alta resolução de vários milhares de fragmentos. Esses fragmentos não pertencem ao Museu de Israel e por isso são apresentados pela Autoridade de Antiguidades de Israel em uma plataforma de internet própria. Esse projeto incrivelmente custoso é cofinanciado pela fundação judaico-americana Leon Levi, com verba de 10 milhões de dólares.

Inicialmente foram mais de 4.000 escaneamentos de fotos tiradas na década de 1950 para os integrantes da equipe internacional dos rolos de manuscritos. A isso se acrescentaram mais de 1.000 fotos feitas para o projeto de digitalização em um laboratório fotográfico instalado especialmente para esse fim.

Em 2014 carregaram-se mais 10.000 e, em dezembro passado, outras 17.000 fotos digitais. Agora qualquer um pode estudar os textos de Qumran nessa biblioteca digital de livre acesso.

Na fase inicial da pesquisa, os fragmentos eram colados uns aos outros com fita adesiva e prensados entre placas de vidro. Segundo os conhecimentos atuais, isso não é conveniente para os fragmentos. Assim, então, as pequenas aparas são limpas minuciosamente e recebem um tratamento que as conservará pelos próximos séculos. Os profissionais que executam esse trabalho há quase 20 anos merecem nosso maior respeito. Com isso, também os preciosos fragmentos dos manuscritos bíblicos permanecem conservados no futuro.

Os rolos da Caverna 1 dois rolos de Isaías, o Rolo da Guerra, o Comentário de Habacuque, o Rolo dos Cânticos de Louvor, a Regra da Comunidade e o Apócrifo de Gênesis, bem como o Rolo do Templo, da Caverna 11 foram adquiridos pela Universidade Hebraica, ou seja, o Estado de Israel, e publicados pouco depois. Hoje estão expostos em um edifício próprio do museu, o Santuário do Livro, em Jerusalém.

Os achados do Mar Morto são provavelmente o maior acontecimento arqueológico do nosso século.

A história desses manuscritos está relacionada aos Essênios. Em 68 d.C., Qumran foi destruído pelos romanos. Pouco antes, os rolos foram escondidos nas cavernas pelos habitantes. Isto explica que as escavações em Qumran não revelaram estes manuscritos, mas o acaso.

Pois esta foi um pouco da história que começou na primavera de 1947.

E estes rolos têm chamado atenção e criado controvérsias tanto nos círculos acadêmicos como na mídia em geral.

Entre o público há bastante confusão e desinformação. Circularam rumores sobre uma grande tentativa de ocultar os fatos, motivada pelo temor de que os rolos revelassem fatos que minariam a fé tanto de cristãos como de judeus.

Mas, qual é o verdadeiro significado desses rolos? Depois de mais de 50 anos, será que se podem saber os fatos?

Um dos livros, incrivelmente interessante, e já traduzido para o nosso idioma foi justamente o Livro de Enoque.

Ele foi montado e dividido em 5 partes

Resume-se em:

Book I (The Book of Watchers)

-"Livro dos observadores"

-Enoque é ordenado um profeta por Deus

-A Terra é povoada por homens e anjos.

-Os anjos são enviados por Deus para ensinar as leis que regem o universo aos homens.

-Alguns anjos se apaixonam pelas filhas dos homens e se acasalam com elas

-Da união anjos com as mulheres terrenas surgem aberrações, os gigantes nefilins (ver: Gênesis 6:4 e números 13:33) ferozes que matam e devoram humanos.

-Deus se enfurece pela iniquidade desses anjos e os castiga lançando-os num lugar de trevas.

-Enoque prega arrependimento ao povo que estava corrompido por causa da iniquidade dos anjos.

O Nascimento de Noé:

-Enoque "conta a Lameque (seu neto) sobre a visão em que via seu bisneto nascer, seu nome deveria ser"Noé ``," seria um profeta" e "ele verá a humanidade ser destruída", recomeçando novamente com ele.

- Noé nasce ao abrir seus olhos pela primeira vez a sala se enche de luz e começa a profetizar diante de sua família.

- A história de Noé e sua família

- Viagem de Enoque através do céu (em visão)

-Uma curiosa conversa de Enoque com o anjo que guarda a entrada que leva à "Árvore da Vida" no Jardim do Édem".

Book II (The Book of Parables)

-Livro de parábolas

Book III (The Astronomical Book)

-Visão dos portais do céu.

-Os mistérios do amanhecer e do entardecer do dia.

-Descrição do lugar onde Deus vive.

Book IV (The Book of Dreams)

-Sonhos e profecias sobre o grande dilúvio.

Book V (The Epistle of Enoch)

-Sábios conselhos de Enoque ao seu filho Matusalém

Sinopses do livro

1 - Segundo Enoque, os justos se tornam sábios e conseguem discernir o "TEMPO e as COISAS".

2 - Enoque fala dos eleitos. Aqueles que foram chamados, escolhidos e conquistaram a eleição.

3 - Estes, os eleitos, subsistiram no tempo da grande tribulação conseguindo rejeitar toda a iniquidade e mundanismo.

4 - Enoque viu tudo isto e muito mais durante o processo de arrebatamento "mental" o qual vivenciou, durante certo estado de sua existência. Estado de arrebatamento.

5 - Neste estado, os olhos espirituais se abrem e há um arrebatamento do entendimento. .

6 - Enoque vê então uma geração futura (não a atual a sua) onde o Senhor se manifestará com poder e glória. E esta manifestação trará vários acontecimentos decorrentes.

7 - Primeiro, pisam sobre o MONTE SINAI. PISARÁ SOBRE A LEI ESTABELECENDO ASSIM UMA NOVA LEI; a lei do amor, da fé, da graça. Hoje prevalece a lei da fé.

8 - Segundo: Isto trará temor às sentinelas que ficaram aterrorizadas. Grande temor e tremor se apodera deles.

9 - As alturas das montanhas serão abaladas; (Temas, crenças, doutrinas, pensamentos, assuntos criados na mente humana).

10 - Terceiro: A terra será imersa e as coisas que há nela perecerão.

11- Julgamento virá sobre todos até para os justos e aqueles aprovados haverá clemência e serão preservados e viverão em paz, felizes, abençoados e iluminados.

12 - Enoque fala também sobre o grande dia do julgamento onde virá o Senhor com milhares de seus santos executar o julgamento sobre os pecadores e para destruir o iníquo que pratica coisas contra Ele e a sua justiça. Enoque 2 Judas 14-15

13 - Os eleitos discerniram tudo, o tempo, as estações, etc.

14 - Mas aqueles que resistirem e não cumprirem os mandamentos do Senhor antes transgredirem e caluniarem a sua grandiosidade, malditas são as palavras em suas bocas poluídas contra a sua majestade. Enoque 6:4

15 - Não obterão a misericórdia.

16 - Os eleitos possuirão luz e sabedoria. Enoque 6:9-11

17 - Mas aqueles que não são santos serão amaldiçoados

. 18 - Todos que viverão e não transgrediram os mandamentos do Senhor, seja por impiedade ou orgulho, mas se humilhar processando a prudência, não repetindo as transgressões. Estes, não condenarão todo o período de suas vidas e não morrerão em dias e se completará e envelhecerá em paz.

19 - Enquanto os anos sua felicidade se multiplicarão em alegria, paz em toda a duração de sua existência. Enoque 6:9-12

20 - Veja que os sentinelas eram santos e possuidores da vida eterna. Enoque 15:3

21 - Mas estes se contaminaram com as mulheres filhas dos homens. Eles, no entanto , morrem e perecem.

22 - Enoque 15:6 Foram fartos espirituais, possuidores de vida que é eterna e não estavam sujeitos à morte.

23 - Verso 7 - Portanto eu não fiz esposas para vós porque sendo espirituais vossa habitação estás nos céus.

24 - Enoque 15:8 – E agora (que se juntaram as mulheres) os gigantes que tem nascido do espírito e carne serão chamados de maus espíritos e na terra estará suas habitações.

25 - Obstruimos o princípio da sabedoria Enoque 37:2

A sabedoria de acordo com a capacidade de nosso intelecto.

26 - Enoque 38:2 - Ser eleito 27 - Quando os justos forem manifestos, os quais serão eleitos por suas boas obras corretamente pesada pelo Senhor dos espíritos (A balança na mão do cavaleiro Apocalipse 6º o 5º selo)

28 – A raça eleita descerá 39:1

29 – Quando os justos forem manifestados Enoque 38:2

30 – Os eleitos sofrem pela causa do Senhor Enoque 40:5

31 – A punição daqueles que negaram o Senhor da Glória Enoque 41:1

32 – A sentença das sentinelas Cap 12 e 14

33 – Enoque recebeu a missão de dizer às sentinelas que desertaram o alto céu e seu santo eterno estado

34 – Na verdade a missão de Enoque foi a de levar às sentinelas uma mensagem de reprovação às sentinelas Cap 13

35 – Foi dado a Enoque o poder de reprovar as sentinelas Enoque 13: 1-6

36 – À volta e o retorno dos santos é a guerra contra toda iniquidade, os 144.000 eleitos os quais virão com o Senhor para fazer guerra a toda iniquidade. São os eleitos.

Apoc 14:1 e Enoque 38:2 e 40:5

37 – Aqui está a perseverança dos santos e daqueles que guardam os mandamentos de Deus e a fé em Jesus 12

38 – Somente através da perseverança iremos alcançar este privilégio de se alistar a este exército de eleitos Veja Apoc 14:12

39 - A DIVISÃO DA INIQUIDADE:

Os filhos do céu: Líder SAMYAZA

URAKABARAMEEL – AKIBEEL – TAMIEEL – RAMUEL – DANEL – AZKEEL – SARAKNYAL – ASAEL – ARMETS – BATRAAL – ANANE – ZAUEBE – SAMSAVEEL – ERTAEL – TUREL –YOMYAEL – ARAZYAL

Estes foram os prefeitos dos duzentos anjos

A lista em aramaico:

SEMIHAZAH – ARTQOPH – RAMTEL – KOKABEL – RAMEL – DANIEAL – ZEQUIEL – BARAGEL – ASAEL – HERMONI – MATAREL – ANANEL – STAWEL – SAMSIEL – SAHRIEL – TUMMIEL – TURIEL – YOMIEL – YHADDIEL

Ensinaram sortilégios, encantamentos, divisão de raízes e árvores.

A descendência deles: NEPHILIM E ELIOUD

DEVORAVAM TUDO O QUE ERA LABOR PRODUZIDO PELOS HOMENS E OS PÁSSAROS, ANIMAIS, RÉPTEIS E PEIXES.

40 – Aqueles que negam ao Senhor não ascenderam aos céus
Enoque 45:1-5

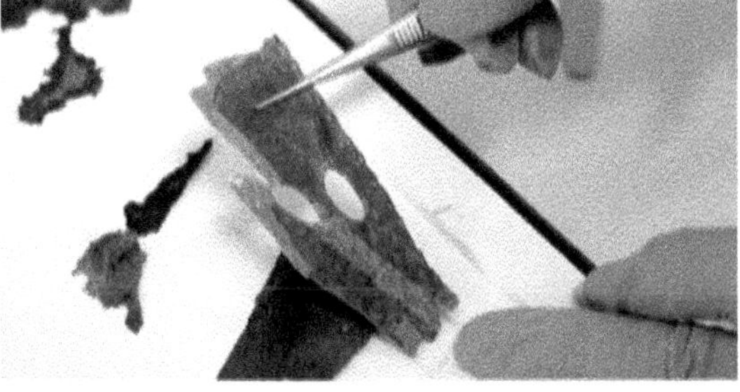

Capítulo 2

Os Desafios da Alma

O Manuscrito de Enoque transmite uma mensagem profunda para todos que buscam as verdades sobre a luta da alma em buscar a consciência de si mesmo, Ele mostra em suas narrativas a luta de Enoque contra os sistemas instalado no seu tempo, o qual corrompeu milhares de indivíduos revelando a corrupção da sua geração.

E isto também traça um paralelo com a realidade contemporânea.

Aliás, suas lições são atemporais, aplicáveis tanto ao passado quanto ao presente. Hoje, diante da consciência religiosa que está profundamente corrompida por causa do poder, se assemelha ao passado em todas as épocas.

É possível perceber um reflexo claro da condição dos cainitas, filhos de Caim, cujo comportamento assemelha-se ao dos que, na atualidade, seguem a mesma religiosidade desvirtuada. Caim filho de Adão é a representação arquetípica da religiosidade instalada na alma. E sua geração sofreu as ações daqueles que supostamente desceram das montanhas isoladas pelo próprio Deus que eram da descendência de Seth, um terceiro filho de Adão e que foram impedidos de conviverem junto aos cainitas. Dois povos separados entre si.

Os cainitas representam a corrupção da fé entendida carnalmente, uma fé forjada no fogo de Tubal-Caim, moldada por valores distantes da verdadeira essência da verdade. Assim, os homens de hoje vivem imersos em um caos mental, guiados pela ignorância. Há muita religiosidade e pouca espiritualidade.

E é neste cenário que o caos se instala. Quando os setistas descem atraídos pelas mulheres cainitas e se corrompem tornando piores aqueles que com sua religiosidade dizem servir a Deus.

Consequentemente a vaidade se instala e a alma luta contra a Soberba da Vida. Esta é uma realidade.

Uma vez estabelecida, a ignorância passa a reinar em uma terrível perversidade. E vencer a ignorância é uma tarefa árdua e constante para a alma humana. Um desafio que poucos conseguiram superar.

Os indivíduos se distanciaram tanto da verdade que o caminho de retorno à sua essência interior parece um labirinto interminável.

Apenas poucos corajosos conseguem percorrer essa jornada com êxito. E isto depende de uma fé perfeita.

A alma perseverante que busca esta verdade, após a manifestação da luz e ao atravessar a porta do entendimento, surgiram novos obstáculos. Um adversário sutil, devastador, aguarda os que ousam continuar sua caminhada de volta à essência: a soberba da vida.

Este inimigo insidioso tenta dominar o ego, infiltrando-se na mente através dos pensamentos, manipulando desejos e ilusões.

A soberba é uma das experiências mais dolorosas para aqueles que, iluminados, desejam continuar a jornada. Ela se esconde atrás do véu da ignorância e em meio às vaidades ilusórias, perpetuando enganos e mentiras que desviam a alma de seu verdadeiro propósito.

Mesmo quando nossa consciência alcança a essência interna e revela nossos desígnios, ainda assim sentimos o peso de nossas dívidas e das maldições que, inevitavelmente, recaem sobre nós vinda da eternidade. A alma se deparará com todos estes desafios.

É nesse ponto que muitos vislumbram o alívio, encontrando um novo e vivo caminho: a essência de Cristo. E se aceitarmos a sua proposta, seremos libertos da necessidade de pagar nossas dívidas internas provenientes da eternidade.

Contudo, seguir esse caminho não nos isenta de dores e sofrimentos; pelo contrário, como Ele disse, sofreremos, mas o fardo será leve e digno.

Há uma porta que precisamos atravessar para escapar das vaidades da vida e adentrar uma nova realidade. Esse processo que começa no caos, onde o Hades, que interpreto como o adormecimento da essência, precisa ser despertado. A alma, em seu processo de transição, deverá lutar e vencer um novo inimigo terrível: a vaidade e a soberba da vida.

A Vaidade e a Soberba da Vida são dois grandes desafios da Alma.

A palavra "humanidade" carrega o ideal de uma unidade comum. Toda a sociedade deveria estar ciente de seu papel na contribuição para o bem coletivo. No entanto, a soberba destroi os padrões éticos e morais, substituindo-os por regras baseadas em interesses egoístas. Enoque descreve como os gigantes devoraram a humanidade, uma metáfora que ressoa profundamente nos dias atuais.

E estes valores, estão dentro dos indivíduos, pois será a própria natureza divina estabelecida na essência que os deixam mais humanos. Porém, as ações provenientes da perversidade desumaniza e estabelecem outros valores corrompidos.

Um dos maiores desafios para aqueles que escolhem a essência de Cristo é vencer a soberba da vida, como Enoque claramente nos mostra. Ele revela que a santidade não é um afastamento definitivo, mas uma proteção temporária necessária até que a alma esteja pronta para continuar sua jornada e vencer a própria ignorância. Para isto, a alma deverá se elevar para alcançar a blindagem necessária que a protegerá contra estas ações externas. É o próprio Paraíso alcançado. Um estado mental paradisíaco.

Esse afastamento não é um isolamento, mas sim uma busca por um estado de clareza que permita à alma viver em meio à corrupção sem se corromper.

Esse afastamento torna-se imprescindível quando uma sociedade, como um gigante, devora os valores divinos que residem na essência humana. A ignorância encobre essa necessidade, desviando a humanidade de sua verdadeira natureza, permitindo que valores superficiais e corruptos tomem seu lugar.

Entre as narrativas do manuscrito encontramos Azazel. E entre suas várias ideologias e ensino está na construção de espelhos e ornamentos. Uma metáfora clara que devemos entender.

O Espelho de Azazel: A Ilusão do Futuro e a promoção do egocentrismo. Sendo transformados em deuses.

Enoque narra que Azazel ensinou aos homens a fabricação de espelhos. Essa metáfora revela a obsessão com o reflexo futuro, com a imagem que refletimos no mundo e como ele nos vê. Estamos constantemente diante desse espelho, preocupados com nossa imagem social e com o que os outros pensam de nós. Este é o cerne da corrupção: a vaidade em sua forma mais pura. E é a partir daí que começa o problema de toda desumanização.

O medo de ver no espelho o reflexo de um fracasso, empurra muitos para uma vida de vaidade e soberba. Buscamos ser admirados, bem-sucedidos, figuras exemplares, como se nosso valor estivesse apenas no reconhecimento externo. Essa ânsia de promoção pessoal captura a mente, levando-a a se perder em ilusões de poder e sucesso, afastando-se cada vez mais da própria essência.

Assim, os homens entram em uma corrida frenética, competindo entre si para se tornarem algo que não são, construindo identidades falsas e corruptas. Isso é vaidade. Criam um mundo artificial, como advertiu Enoque, onde o desejo pelo poder se transforma em uma síndrome, e vencer a qualquer custo torna-se o único objetivo. É como uma lei no seio da sociedade.

O espelho pode até refletir uma imagem positiva, mas a realidade da alma será bem diferente. Ao negligenciar sua essência, o homem peca contra si mesmo e comete uma auto injustiça, desviando-se do seu verdadeiro propósito. "Hamartia" é a perda do foco da existência; é o pecado contra a própria essência.

Ao longo da vida, muitos assumem papeis diferentes que os transformam em homens de sucesso aos olhos do mundo, mas, por dentro, tornaram-se figuras grotescas, sombrias do que deveriam ser realmente. Se anulam a si próprio e copiam modelos no exterior e os fazem habitar a mente.

Vivem na esperança de um dia, no futuro, verem no espelho a imagem de um ser admirável, respeitado e invejado. No entanto, esse reflexo será uma mera ilusão vazia, e o preço pago por essa vaidade será alto. A perda da alma.

O Orgulho Final e a Queda fatal.

Na escada progressiva para a instalação do orgulho antecede as vaidades e a soberba. E paralelamente a impiedade, a iniquidade e a perversidade marcham lado a lado.

No futuro, quando finalmente os homens olharem para o reflexo de suas vidas, o orgulho será o resultado final catastrófico. Pois, acima da soberba está o orgulho, e é nesse ponto que muitos se tornam diabos em suas próprias histórias. Enoque transmite essa ideia, alertando sobre a geração corrupta do seu tempo, uma mensagem que ressoa até hoje.

Mesmo a consciência religiosa que teria a função de religar o homem ao seu interior, foi corrompida, assim como a dos descendentes de Caim, que representam o mundo da religiosidade desviada em seu real propósito. O homem moderno vive imerso na ignorância do caos, distanciado da verdade e da sua essência. Hoje, apesar de vivermos em meio a um mundo de tecnologia e muita informação, a alma se afoga na incompreensão.

Veja o que diz o Capítulo 15 do Livro de Enoque

1 Então dirigindo-se para mim, Ele falou e disse: Ouve, não se atemorize, justo Enoque, tu escriba da retidão: aproxima-te para cá, e ouve a minha voz. Vai, dize às Sentinelas do céu, a quem te enviei para rogar por eles; tu deves rogar pelos homens, e não os homens por ti.

Capítulo 3

As vaidades e a soberba são os grandes desafios da alma que deseja seguir o caminho da justiça

Após estar conscientes que as vaidades precisam ser vencidas através dos sacrifícios, agora a alma será posta diante de um novo desafio; a soberba que quer se instalar e deverá ser enfrentada por

todos que desejam seguir em frente no caminho da justiça. Ao entrar pela porta haverá um caminho desafiador para a alma.

E a soberba é algo que se desenvolve dentro de um ambiente ambíguo num cenário envolto nas vaidades onde todo o meio estará corrompido. E é vivendo neste contexto social onde regem pensamentos perversos e será um novo desafio a ser enfrentado pela alma.

E o caminho para essa manifestação e desenvolvimento da soberba só será possível se encontrar o ambiente adequado para evoluir se as vaidades não forem sacrificadas.

Quando as nutrimos e não a levamos ao sacrifício, certamente a soberba se estabelecerá na mente e a queda num abismo profundo de uma ignorância espiritual perversa será o resultado.

Se, no entanto, for desenvolvida, a soberba encaminhará a alma ao orgulho e por final será lançada em estado avassalador e profundo onde a queda será inevitável e se instalará a mais terrível e perversa ignorância.

Um ambiente totalmente corruptor. Assim era o cenário caótico onde vivia Enoque. Os cainitas viviam neste ambiente tornando-o impiedoso e com a convivência com os da geração de Seth se tornam perversos.

E é neste território mental que a soberba encontra espaço para crescer e se desenvolver. Um ambiente hostil onde as vaidades proliferam.

E neste cenário o ego pode tomar dimensões avassaladoras. Um verdadeiro gigantismo pervertido. E esta mesma situação se repete e perdura através dos séculos e milênios e se estende até os dias atuais.

Toda sociedade humana vive a mesma problemática, onde o ego se engrandece tornando-se uma ameaça.

Vejam o que o apóstolo Paulo fala para Timóteo:

II Timóteo Cap. 3

1 Sabe, porém, isto: que nos últimos dias sobrevirão tempos trabalhosos;

2 porque haverá homens amantes de si mesmos, avarentos, presunçosos, soberbos, blasfemos, desobedientes a pais e mães, ingratos, profanos,

3 sem afeto natural, irreconciliáveis, caluniadores, incontinentes, crueis, sem amor para com os bons,

4 traidores, obstinados, orgulhosos, mais amigos dos deleites do que amigos de Deus,

5 tendo aparência de piedade, mas negando a eficácia dela. Destes afasta-te.

6 Porque deste número são os que se introduzem pelas casas e levam cativas mulheres néscias carregadas de pecados, levadas de várias concupiscências,

7 que aprendem sempre e nunca podem chegar ao conhecimento da verdade.

Todas estas atitudes as quais Paulo o apóstolo traz neste texto bíblico compõem as características da soberba na mente corrupta.

O perfil de um soberbo é:

Amantes de si mesmos, avarentos, presunçosos, blasfemos, desobedientes a pais e mães, ingratos, profanos, sem afeto natural, irreconciliáveis, caluniadores, incontinentes, crueis, sem amor para com os bons, traidores, obstinados, orgulhosos, mais amigos dos deleites do que amigos de Deus,tendo aparência de piedade, mas negando a eficácia dela e que aprendem sempre e nunca podem chegar ao conhecimento da verdade.

Destes afasta-te diz o Apóstolo.

Este será o desafio para todos que querem seguir em frente no caminho da justiça.

Isto nos remete ao sacrifício de Azazel, o bode levado ao deserto e o outro degolado.

E o manuscrito de Enoque tem como objetivo nos ensinar a combater a soberba que corrompe a alma. Paralelamente nos leva às leis do sacrifício escritas no pentateuco.

E estas características que identificam um soberbo revelam sua face.

Surgem as vaidades que não são sacrificadas e crescem. E se não foram interrompidas, seguiram a desenvolver gerando por fim o orgulho.

A própria sociedade está sofrendo e sendo gestora em seu ambiente social tendencioso onde põe os indivíduos sujeitos a esta situação.

Os homens são postos em uma competição acentuada pelo poder em busca pelo status social. Sendo assim, vão devorando tudo que são valores humanos contidos na essência. Como disse o profeta.

E a própria sobrevivência ao meio social condiciona e expõe a todos a esta situação.

Uma guerra por um status social, por posições privilegiadas e por reconhecimento se desencadeia.

A síndrome pelo poder tomar as mentes e como uma enfermidade mortal e avassaladora torna a alma enferma. E neste ímpeto, a alma desfalece e mergulha num caos profundo.

Capítulo 4

O bode Azazel

Azazel (em hebraico: עזאזל)[a] é o nome atribuído a um anjo, que seria encarregado da tarefa de levantar as faltas humanas e as enumerar perante o Tribunal Divino, durante o julgamento anual da humanidade.

Anualmente foi recomendado a Moisés que um sacrifício de dois bodes deveria acontecer.

Um dos animais deveria ser cortado de sua garganta e degolado. O outro, deveria ser lançado no deserto para que desfalece-se no abandono.

É, por outro lado, uma figura misteriosa, que aparece por três vezes na Bíblia hebraica, relacionado expressamente com o ritual do Yom Kipur, quando, na época do Templo de Jerusalém, um bode era sacrificado para o Criador e outro, era destinado a Azazel, sendo este último animal encaminhado para morrer no deserto levando consigo os pecados do povo.

Azazel também é comumente conhecido como o **responsável pelo pecado da Ira** entre os Sete Príncipes do Inferno (que correspondem aos sete pecados capitais).

Ao lado de Shemihazah, liderou um grupo de duzentos anjos que desceram à Terra, com o fito de viver entre os humanos. Conheceram as mulheres e com elas tiveram filhos. Particularmente, Azazel teve filhos que pereceram no Dilúvio. Esses rebentos foram chamados de nefilins.

O Texto Massorético indica um nome próprio que, à parte dessa menção, é inteiramente desconhecido (nas Escrituras): Azazel, que os rabinos da Idade Média explicavam ser designação de um demônio peludo do deserto.

Então, Arão lançará sortes por um demônio. Ora, não se faz inclusão do culto ou adoração de demônios em parte alguma da Torá, e não pode existir a mínima possibilidade de que tal culto surja aqui (e nos versículos seguintes deste capítulo [Lv16]. A óbvia solução desse enigma encontra-se na separação das duas partes da palavra 'Azazel', de modo que fique ez azel, isto é, 'o bode da partida ou da demissão'.

Noutras palavras, como o versículo 10 deixa bem claro, esse segundo bode deve ser conduzido para fora, ao deserto, para onde deverá encaminhar-se, e de modo simbólico, levar embora os pecados do povo de Israel, retirando-os do acampamento do povo.

É inquestionável que a LXX entendeu o versículo e o nome Azazel dessa forma, ao apresentar a grafia to apopêmptico (para o que for enviado para longe). De forma semelhante, a Vulgata traz capro emissário (para o bode que deve ser despedido). Assim, ao separarmos as duas palavras que foram indevidamente fundidas numa só no hebraico, passamos a ter um texto que faz sentido perfeito no contexto, sem fazer concessão a demônios, cujo exemplo não existe nas Escrituras.

Noutras palavras, 'bode emissário' (KJV, NASB, NIV) é a verdadeira tradução a ser empregada, em vez de "para Azazel"(ASV, RSV) (Enciclopédia de Dificuldades Bíblicas, 1998, 2.ª impressão, p. 39) "azazel, palavra que talvez devesse ser vocalizada como ez azel (um bode de partida). É preciso que se entenda que o registro dos documentos do Antigo Testamento era escrito só com as consoantes; os pontos representativos das vogais só passaram a ser colocados no texto a partir de 800 d.C [Texto Massorético]

A tradição, segundo a qual, o bode emissário era o nome de um demônio do deserto originar-se-ia muito tempo depois, e estaria totalmente em desacordo como os princípios da redenção ensinados na Torá. Portanto, é inteiramente errado imaginar que esse cabrito representava o próprio Satanás, visto que nem o diabo, nem seus demônios jamais são mencionados desempenhando funções expiatórias em prol da humanidade sendo a implicação dessa interpretação"(Idem p. 137) "A palavra tem sido entendida e traduzida de diversas maneiras.

As versões antigas (LXX, Símaco, Teodósio e Vulgata) entenderam que a palavra indica o 'bode que se vai', considerando como derivada de duas palavras hebraicas: ez= bode, e azal= virar-se" "Uma possibilidade final é considerar o vocábulo [Azazel} como a designação de um ser pessoal de modo a contrapor-se à palavra SENHOR.

Neste sentido Azazel poderia ser um espírito maligno (Enoque 8:1; 10:4; 2 CR 11:15; Is 34:14; Ap 18:2 ou até mesmo o próprio demônio (KD. loc. cit.), numa oposição de antítese ao Senhor.

No entanto, as referências de Enoque a Azazel como um demônio dependem, sem dúvida alguma, da interpretação que o próprio autor desse livro faz de Lv. 16 e Gn 6:4" "Mas nessa passagem joanina também se percebe uma alusão ao bode emissário.

Esse fato é claramente visto nas palavras 'leva embora' (ARA, 'tira'; cf. 1 Jo 3:5) (Dicionário Internacional de Teologia do Antigo Testamento, p. 1099)"

No livro de Enoque, Azazel (citado como Azazel) é um dos anjos caídos, chamados Vigilantes, que se sentiram atraídos pelas mulheres (almas) e vieram na terra para ter relações sexuais com elas.

Destas relações nasceram as Sentinelas ou Gigantes. Azazel e outros anjos caídos passaram conhecimentos a humanidade, ensinaram a humanidade a fazer armas, espadas, armaduras, agricultura, astronomia. Deus viu isso como uma traição e eliminou-os da terra com um Dilúvio (citado também em Gênesis).

Ainda conforme o Livro de Enoque, Azazel foi julgado e condenado pelo Arcanjo Miguel.

Os Santos Vigias foram depois enviados por Deus para castigar e tentar reorganizar o caos que os Nephilim, filhos dos Grigori com as filhas dos homens, causaram na terra. Na verdade, os Nefilins eram os filhos que nasceram da união entre os humanos e os anjos rebelados.

Demonologia

Para a Demonologia, ou a catalogação dos demônios da tradição católica, Azazel é um dos 7 arquidemônios de Satã, um dos sete príncipes do Inferno, que fazem contrapartida aos 7 arcanjos de Deus.

Azazel é considerado um demônio advindo de uma seita judaica que adorava um ídolo em forma de carneiro e oferecia sacrifícios em holocausto a esta figura caprina. Dizem, certas correntes, que havia rituais de sodomia e zoofilia, nos quais, grupos de judeus imolados pelo espírito do ídolo, no caso o demônio Azazel, entregavam suas virgens para praticar atos sexuais ou libidinosos com cabras e outros homens, em um ritual macabro e pervertido.

Os reis de Judá descobriram esta seita que adorava a ídolos, e contrariava os mandamentos da Torá entregues a Moisés. Houve uma batalha na cidade aonde esta seita se encontrava e todos os judeus que adoravam Azazel, bem como a cidade, foram destruídos.

Segundo a lenda Azazel foi o ex-arcanjo Natanael que se lançou para o paraíso para libertar sua amada de uma prisão no inferno. Antes disso, era um anjo cuja missão era treinar as tropas celestiais e ser um emissário enviado para viver entre os humanos; nesta missão, teve relações com as mulheres dos homens, e isto motiva a crença de que os rituais de invocação de Azazel ocorrem através da prática de atos sexuais entre mulheres e cabras.

Azazel é o rei dos Shekmitas, ou seja, a raça de demônios meio homens e meio cabras, com aspecto parecido com o de Baphomet que também é um demônio Shekmita famoso. Aquele é responsável pela desgraça dos idólatras e seu poder é comparável ao dos demônios mais fortes do inferno; ele comanda as legiões Shekmitas no inferno, sendo um general que responde somente ao próprio Lúcifer. Há boatos não comprovados de que Azazel vive atualmente entre os homens na busca incessante de estar novamente com sua amada cuja voz seja de fato a única coisa que acalma sua ira

Ritual do Dia do Perdão

No terceiro livro do Tanach, consta que entre os rituais do Dia do Perdão, quando ocorre anualmente a finalização do julgamento da humanidade, havia, na época em que ainda estava edificado o Templo de Jerusalém, a obrigação de separar dois bodes idênticos (mesma cor, mesmo peso, mesma altura, etc.). O primeiro era sacrificado para o Eterno, e o segundo, deixado no deserto e era chamado Azazel.[5] Ele caminhava carregando os pecados até encontrar um lugar para se precipitar. Ele não parava de andar até cumprir seu destino, representando o que hoje é, e sempre, foi o destino de satanás.

A despeito de o texto dizer que um dos animais deveria ser deixado para Azazel, não se tratava de uma oferta, mas o ritual estava ligado, simbolicamente, mais às origens do povo hebreu, com seus antepassados Esaú e Jacó, que eram gêmeos, e, assim, se ritualizava essa memória.

Outro significado atribuído ao ritual era o de que o pecado é muito próximo de uma boa ação e que as pessoas deveriam ser vigilantes, para não deixar que um pecado fosse disfarçado de ato bondoso. A escolha de qual dos animais seria enviado ao deserto era aleatória, conforme o texto do capítulo 16 do livro de Levítico.

Fonte https://pt.wikipedia.org/wiki/Azazel

Contra o que lutamos propriamente?

Quem são os nossos inimigos?

O Apóstolo Paulo fala sobre isto em uma de suas Epístolas quando diz, que as nossas lutas não são contra a carne ou a sangue, são, na verdade, contra padrões de pensamentos os quais querem se estabelecer nas mentes dos homens e que corrompem seus pensamentos.

São gerados pelas mentes insanas e se exteriorizam resultando em atitudes comportamentais.

Nós somos aquilo que pensamos.

E muitos destes resultando em atitudes e comportamentos bizarros e grotescos. Em verdadeiros deuses. Imbuídos de uma perversidade destroem aqueles que se entregam a eles e aos que os rodeiam.

Foram gerados do ego, das influências externas, dos conselhos pagãos e profanos de uma espiritualidade corrupta e de um consciente coletivo instalado na própria cultura social.

Assim, se estabelecem como "deuses" que reinam e imperam nas mentes.

É sobre isto que falo neste meu livro. Das guerras contra os deuses e Titãs que existem dentro e fora de nós. Dos conflitos da alma que desconhecemos a origem. Travamos batalhas crueis e terríveis naquilo que tange aos nossos pensamentos.

E precisamos conhecê-los para serem vencidos. Só assim o padrão humano será então restabelecido, visto que fora perdido pelo pecado.

Somente este alcançado, poderemos experimentar a paz conosco mesmo. E a luz de Cristo nos levará a uma consciência mais elevada potencializando nossa alma. Seremos ressuscitados em nossa essência após vencermos este superego.

Ser humano, é conhecer nossas próprias limitações, é entender a nossa própria essência e natureza. Há certos indicadores e elementos que medem nosso grau de humanização.

O nosso maior inimigo está em nós e no coletivo consciente o qual vivemos.

E agem bem debaixo do nosso nariz nos influenciando com seus conceitos e ideias.

Adotamos certos padrões de pensamentos por sugestão que nos fazem agir como verdadeiras criaturas bizarras.

Moldes e modelos nos são oferecidos constantemente. Estes, aceitos e sugeridos como matrix. Pensar como pensa o coletivo pode ser uma terrível experiência para a alma que se aprofunda cada vez mais no caos.

Se preocupamos em querer mudar o mundo, quando é nós que na verdade precisamos mudar. E mudamos quando primeiro nos afastamos. Esta é a razão de sermos levados ao sacrifício de decapitar a cabeça pensante e de sermos conduzidos ao deserto onde impera a solidão necessária.

A luta é interna e é óbvio externa.

No meu livro Os arquétipos das profundezas falo sobre esta saga da alma em busca desse padrão outrora perdido. E que se corrompeu na busca por consciência.

Voltarmos a ser humanos será um desafio. E só voltaremos se resgatarmos nossa essência do Hades.

Bom, deixe-me analisar meu ponto de vista e aquilo que penso acerca deste personagem.

Concluindo que Azazel é um padrão de pensamento que tenta se estabelecer em todos quantos são chamados a uma santidade, a abandona e se embrenha em meio ao coletivo consciente do mundo externo e carnal. Este mundo externo já está, submetido a ele.

Enoque fala sobre este assunto, e talvez esta, ai a compreensão verdadeira desse personagem. Vamos observar o que o livro de Enoque fala sobre ele:

Observe o que diz Enoque em seu Livro:

Capítulo 7

Texto base,

1 E aconteceu depois que os filhos dos homens se multiplicaram naqueles dias, nasceram-lhe filhas, elegantes e belas.

2 E quando os anjos, os filhos dos céus, viram-nas, enamoraram-se delas, dizendo uns para os outros: vinde, selecionamos para nós mesmos esposas da progênie dos homens, e geremos filhos.

3 Então seu líder Samyaza disse-lhes: Eu temo que talvez possais indispor-vos na realização deste empreendimento;

4 E que só eu sofrerei por tão grave crime.

5 Mas eles responderam-lhe e disseram: Nós todos juramos;

6 (e amarraram-se por mútuos juramentos), que nós não mudaremos nossa intenção, mas executamos nosso empreendimento projetado.

7 Então eles juraram todos juntos, e todos se amarraram (ou uniram) por mútuo juramento. Todo seu número era duzentos, os quais descendiam de Ardis, o qual é o topo do monte Armon.

8 Aquele monte, portanto foi chamado Armon, porque eles tinham jurado sobre ele, e amarraram se por mútuo juramento.

9 Estes são os nomes de seus chefes: Samyaza, que era o seu líder, Urakabarameel, Akibeel, Tamiel, Ramuel, Danel, Azkeel, Saraknyal, Asael, Armers, Batraal, Anane, Zavebe, Samsaveel, Ertael, Turel, Yomyael, Arazyal.

Estes eram os prefeitos dos duzentos anjos, e os restantes estavam todos com eles.

O texto aramaico preserva uma lista anterior dos nomes destes Guardiães ou Sentinelas: Semihazah; Artqoph; Ramtel; Kokabel; Ramel; Danieal; Zeqiel; Baraqel; Asael; Hermoni; Matarel; Ananel; Stawel; Samsiel; Sahriel, Tummiel; Turiel; Yomiel; Yhaddiel.

10 Então eles tomaram esposas, cada um escolhendo por si mesmo; as quais eles começaram a abordar, e com as quais eles coabitaram, ensinando-lhes sortilégios, encantamentos, e a divisão de raízes e árvores.

11 E as mulheres conceberam e geraram gigantes.

O texto grego varia consideravelmente do etíope aqui. Um manuscrito grego acrescenta a esta secção, "E elas [as mulheres] geraram-lhes [as Sentinelas] três raças: os grandes gigantes. Os gigantes trouxeram [alguns dizem "mataram"] os Naphelim, e os

Naphelim trouxeram [ou "mataram"] os Elioud. E eles sobreviveram, crescendo em poder de acordo com a sua grandeza."

Veja o registro no Livro dos Jubileus.

12 Cuja estatura era de trezentos cúbitos. Estes devoravam tudo o que o labor dos homens produzia e tornou-se impossível alimentá-los;

13 Então eles voltaram-se contra os homens, a fim de devorá-los;

14 E começaram a ferir pássaros, animais, répteis e peixes, para comer sua carne, um depois do outro, e para beber seu sangue. Sua carne, um depois do outro. Ou, "de uma outra carne".

15 Então à terra reprovou os injustos.

Enoque retrata aqui, neste capítulo, uma verdade profética que se cumpre hoje em nossos dias. Através da conduta e dos comportamentos coletivos de muitas sociedades que agigantam seu ego.

Elas devoram aquilo que há de humano, a essência. E pouco a pouco esta fome pelo poder se torna tão incontrolável a ponto de devorar por completo a humanidade existente na alma.

Um ego impossível de se saciar pelos desejos de grandeza. Um ego que não se farta e devora a humanidade tornando-a extinta cada vez mais. Falo sobre este tema no meu livro. Os mistérios do livro de Enoque o ego devora tudo.

Há um Cronos que devora e quer estabelecer-se como deus supremo em cada um de nós. Segundo a mitologia grega. Muito sensato isto.

Um verdadeiro ressuscitar da verdade que assombra o mundo religioso e os sistemas que nutrem o ego humano deve ser considerado. Renascer para as nossas próprias verdades é cumprir a justiça divina.

Os ditos líderes sistêmicos vestidos de um manto religioso profanam e distorcem as verdades e adormecem a essência. Infelizmente o mundo é assim.

Nossa identidade humana são, na verdade, os registros de nossa essência que pouco a pouco vai sendo devorada pelo ego. Azazel é o arquétipo influenciador daqueles que buscam a santidade e abandonam o propósito de separação deste coletivo.

Os arquétipos nos fazem compreender as formas de pensamentos que se constituem nesta realidade. E suas aparências ou como se apresentação como imagem. Mostra essa estrutura que as compõem como uma disposição mental.

Quem somos? Nossa forma original.

Éramos sem forma e vazios, dizem as escrituras sagradas em Gênesis 1:1.

Quem de nós já não fizemos esta pergunta.

Encerramos em nós todo um mistério. Quem somos esta, coberto por um manto negro o qual precisa ser tirado? Aquilo que seria revelado progressivamente se nos mantivessem no Éden, acaba expulso de si mesmo e um véu se põe.

O que na verdade estamos fazendo aqui? Existe algum propósito para nossa existência?

Éramos vazios. Simples assim.

Todo problema começou quando buscamos se encher. Se enchemos de enganos, fábulas, mitos, mentiras, etc.

E imagina o resultado disso tudo?

Um caos.

E no vazio, o Espírito foi criando, os nossos temperamentos, sentimentos, instintos e assim progressivamente.

Mas e aí, quem realmente somos?

São perguntas que nós fazemos sempre? E ficamos muitas vezes sem uma resposta. Pois, nos tornamos um desconhecido de nós mesmos.

É um pouco complexo responder isso. Pois, estão tão encerrados e protegidos em nós que é impossível compreendê-los.

Sermos humanos. Será que somos? Ou já perdemos a nossa humanidade?

Na verdade, perdemos a nossa humanidade que tínhamos quando damos ouvidos às ações de pensamentos de um mundo profano. O aspecto inocente se perdeu no caos de uma ignorância. E precisamos reconquista-la. Só que agora, com consciência pura e imaculada.

Há muito que entender sobre isto.

O pecado nos induziu a buscar consciência e isto nos levou ao caos. Distanciou-nos daquilo que fomos outrora um padrão humano de pensamento (inocente).

Ao buscar consciência, tudo se corrompeu. Mas não teve outro jeito. A evolução teria que acontecer.

Interessante que a palavra pecado vem do grego Hamartia que significa errar o alvo. Isto é, aquilo que deveria ser materializado, pois, estava na essência fora esquecido pelas influências exteriores. E nosso espírito que continha dentro de si a essência, acabou adormecendo o sono da morte.

E este afastamento do natural, gerou e criou verdadeiras estruturas arquetípicas de pensamentos bizarros e grotescos que nos distanciou profundamente daquilo que deveríamos ser, na verdade, um humano natural.

Verdadeiras estruturas se formaram e pouco a pouco fomos perdendo nossa identidade de humano e geramos deuses em nosso ego.

E reconquistar a nossa humanidade pessoal requer trabalho, uma saga que luta por nos sacar das profundezas da ignorância. Não há volta visto que saímos. Mas existe sim, a possibilidade de novamente acertar um caminho melhor. Um caminho que nos devolve o padrão humano melhorado pela Graça de Cristo.

A destruição de nossa humanidade se aprofunda cada vez mais a abismos profundos da ignorância. E precisa ser resgatado. Chamamos este local de hades.

Inseridos nas profundezas da ignorância, passamos a criar pensamentos, gerar ideias que simplesmente não respondem nossas perguntas e questionamentos com relação à vida. Mas nos enfiamos cada vez mais neste abismo.

Parece que ignoramos aquilo que está em nós e se perdeu com o caos.

Desconhecemos a razão pela qual existimos e nem tampouco sabemos nada sobre nós.

Somos, na verdade, como uma casca. Vivemos uma realidade exterior manufaturada e fabricada por um coletivo influente.

Enchemo-nos sim, com os enganos da serpente.

E estamos em total desconexão com aquilo que somos. Ser um humano, acabou por ser extinto.

E o pior; apesar de toda nossa insatisfação por aquilo que somos por fora, não conseguimos olhar para dentro e enxergar mais nada. Perdemo-nos totalmente.

Vivemos sob uma ação coletiva onde as influências criam verdadeiros padrões de pensamentos pervertidos. Nós somos aquilo que pensamos. E aquilo que pensamos são sugestionado pela cultura, pelo meio o qual vivemos, pela mídia. Esta ação é tão forte que consegue padronizar conceitos, ideias, etc.

Não dá para negar os fatos. Muitas sociedades vivem hoje subordinadas a certos padrões perversos de pensamentos. E multidões estão alienadas a eles.

E é sobre isto que desejo comentar neste meu livro. Após considerar as narrativas daquilo que Enoque descreve em seu livro, através das analogias, metáforas e parábolas o mesmo nos transmite a ideia de um arquétipo operante que age ainda hoje e exerce poder sobre as mentes sob o seu domínio.

Aquilo que compõe os nossos pensamentos formam uma estrutura mental. É sobre este assunto que escrevo neste livro.

O processo de santidade é a proposta de uma renovação mental e o resgate de nossa alma perdida num caos profundo de ignorância.

No caminho da espiritualidade, há um avançar e a proposta em determinado ciclo é de nos manter afastado desta ação coletiva. É o período que chamamos santidade.

E a santidade exige o afastamento do mundo exterior, do coletivo influente que perverte os pensamentos. Porém, se não abandonado, irá gerar uma estrutura mental tão perversa que será uma experiência ameaçadora para a humanidade contida em cada ser. Enoque nos ensina sobre isto de maneira figurada e alegórica.

Através da sua linguagem figurada, não nos deixa dúvida e nos esclarece que vivemos esta realidade devastadora da humanidade tornando as mentes corruptas e pervertidas.

O que uma mente pode se transformar durante este processo ao abandonar a santidade e se entregar a ação deste coletivo expor o indivíduo a um consciente perverso. Isto os põe em uma completividade cruel. E assim, a alma se perde cada vez mais num estado pervertido regido pelo imperialismo de Azazel.

A raça de gigantes que o autor descreve e que lutam entre si, nada mais é do que uma estrutura mental gerada por esta sociedade corrupta.

Portanto, se queremos seguir o caminho da justiça divina, a santidade é uma ordenança necessária para aqueles que se dispuseram a seguir no resgate de sua essência perdida.

Não há como seguir os próximos passos cujo objetivo é purificar nossos pensamentos sem entendermos o desenvolvimento do ego e a extinção da humanidade contida em nossa estrutura mental. A santidade servira de uma blindagem contra a ação deste coletivo.

Ao sermos tirados do Hades onde a alma estava encerrada num profundo estado de morbidez do espírito. A alma agora enfrentará seu ego. Só após vencê-lo, poderá ascender para o próximo período. O da vinha que produz justiça divina. Falo sobre isto no meu livro os mistérios do livro de Enoque a vinha.

Azazel é, portanto, uma constituição mental que encaminha a mente a uma perversidade. E este padrão mental está inserido no coletivo consciente e opera influenciando carregando multidões alienadas a ele.

Não só Azazel, mas Enoque menciona outros personagens que compõem esta hierarquia e criam toda a estrutura mental pervertida.

O mundo exterior está dominado por este coletivo. E todos que se propõe atender ao chamado da fé cujo objetivo é purificar a mente. Devem ser conscientes disto.

Enoque diz, para que o mundo fosse alterado em seus valores. E vemos isto claramente hoje. Valores humanos se perdem a cada dia. Uma profecia atual e verdadeira, basta olharmos para este mundo.

Nas metáforas do livro damos um pequeno exemplo disto. Veja que Azazel ensina na fabricação de espelhos e ornamentos.

Uma manifestação própria do ego que se preocupa com a imagem, como o mundo os vê. Com a promoção pessoal. O reconhecimento e a busca pela glória deste mundo.

Falo mais sobre este assunto em meus outros livros: astros do céu, eles devoram tudo, etc.

Enoque é revelador quando fala do superego.

E vivemos esta profecia hoje. E o risco é iminente a todos que são chamados à santidade.

Eles irão gerar duas classes de superego, os gigantes frutos da alma carnal com o coletivo perverso.

Bom, para aqueles que me acompanham tenho criado uma série de Livros relacionados a este Pergaminho, (Livro de Enoque). Pela amplitude de suas verdades, em cada uma das edições falo de um tema diferente extraído dos textos considerados apócrifos.

E antes de adentrarmos ao tema deste meu livro. **O arquétipo Azazel**. Quero comentar rapidamente um pouco da história do livro de Enoque. É importante sabermos um pouco deste tão polêmico livro. Costumo fazê-lo em todas as introduções de meus livros.

Vamos fazer um resumo geral.

Capítulo 5

Quando a alma adoece

Há um poder nas palavras. Elas podem sustentar a alma em seus propósitos e determinar a conduta que deve ser tomada.
Alma, ânimo. Etimologicamente, deriva do termo em Latim animu (ou anima), que significa "o que anima".

Essas palavras são alimentos que tanto podem nos proporcionar bem ou mal. Elas são o combustível que impulsiona as ações.

Há certas palavras que nutrem nossa fé, esperança e perseverança. Outras, no entanto, podem nos envenenar e nos fazer adoecer.

Há palavras que nos desmotivam e nos fazem desistir de um propósito.
É assim que paro para pensar na capacidade e no Poder nos milagres dos evangelhos.

Quando damos ouvido as palavras dos evangelhos. As ideias se fixam como forma de pensamentos e vão construindo toda uma estrutura mental capaz de abrigar nossas concepções.
Será como construir uma arca que abrigará todos os nossos instintos. Falo mais a esse respeito em meu outro livro.

E dentro deste contexto de ideias, como uma arca, os instintos se embarcam tornando-os inativos e inoperantes.
A fé precisa ser racional e não instintiva.

Somente assim e desta forma, teremos condições e o suporte necessário para exercitarmos a fé para seguirmos em frente abandonando o cenário caótico instalado no mundo externo e em nossa mente.

Desta maneira as nossas vaidades, a soberba e o orgulho estabelecidos no ego serão vencidos e poderemos pisar em um solo sagrado onde a justiça divina produzirá seus frutos como uma vide.

É nesta analogia que compreendemos todo o transitar da alma desde sua saída do caos da ignorância até o pleno cumprimento da justiça divina e a plenitude do conhecimento de Cristo. Noé, ao desembarcar da arca após o dilúvio, pisou no solo sagrado e plantou uma vinha.

E o livro de Enoque narra um período no qual a alma precisa vencer um grande desafio, a soberba da vida que como um torrencial de águas tenta afogar o entendimento.

A alma lutará contra os sistemas instalados onde operam os pensamentos que regem todo um coletivo inconsciente onde estabelecerá seus próprios valores com base em seus interesses de uma minoria. E este extinguirá os valores divinos e humanos existentes nos homens.

Estes novos valores acabam levando os velhos valores à total extinção. E o profeta menciona isto em seu manuscrito. Não somente ele mas as epístolas de Paulo traça O perfil dos homens dos últimos dias onde haveria tempos trabalhosos.

Aquilo que uma determinada sociedade passa a valorizar sufoca aquilo de humano que há dentro dos homens. Desta forma, altera tudo.

Como diz o profeta em seu manuscrito; "para que o mundo fosse alterado".

E é neste cenário que um superego será gerado e as profecias lutará contra este superego.

Associo os gigantes metaforicamente a uma estrutura mental pensante. Onde o ego se eleva tornando a mente em uma terrível criatura devoradora.

Capítulo 6

O papel dos eleitos

Se falam muito em eleição no mundo religioso em geral. Mas quem são eles ?

Seriam só os 144.000 como diz as escrituras sagradas? Eles receberiam uma missão fundamental após terem sido arrebatados e tirados desse meio de corrupção?

Qual seria essa proteção?

Deveria eles alcançar primeiro a proteção de um estado mental paradisíaco onde estariam protegidos das influências externas que seriam expostos para lutar contra a corrupção?

Sim!

Eles voltaram para combater a corrupção agora protegidos do egocentrismo. E não pense que os eleitos viriam todos de uma só vez. Não. Eles já vieram e viram e se manifestam durante todo o tempo da existência da humanidade. Principalmente quando a corrupção cresce no meio social. Suas manifestações são atemporais.

Assim como o arrebatamento também é atemporal.

VEJA AQUI A EVIDÊNCIA DO PAPEL DESEMPENHADO PELOS ELEITOS. É o de COMBATER A CORRUPÇÃO E A TODOS QUE BUSCAM A "GLÓRIA PARA SI".

2 Portanto, deves abandonar o sublime e santo céu, o qual permanece para sempre; deitastes com mulheres; corromper com as filhas dos homens; tomaste para ti esposas; agistes igual aos filhos da terra, e gerastes uma ímpia descendência.

Uma ímpia descendência. Literalmente, "gigantes".

3 Sois espirituais, santos, e possuidores de uma vida que é eterna; vos contaminastes com mulheres, procriastes em sangue carnal; cobiçastes o sangue de homens; e fizestes como aqueles que são carne e sangue fazem.

4 Estes, contudo, morrem e perecem.

5 Portanto, de agora em diante Eu dou-vos esposas, para que possam coabitar com elas; para que filhos nasçam delas; e que isto seja negociado sobre a terra. OLHA AQUI OUTRO JUÍZO.

6 Mas desde o princípio fostes feitos espirituais, possuindo uma vida que é eterna, e não sujeito à morte para sempre.

7 Portanto, eu não fiz esposas para vós, porque, sendo espirituais, vossa habitação está no céu,

8 Agora, os gigantes que têm nascido de espírito e de carne, serão chamados sobre a terra de maus espíritos,

Veja que os maus espíritos tem origem na concepção religiosa, "com os sentinelas e na terra estará a sua habitação".

Maus espíritos procederão de sua carne, porque eles foram criados de cima; dos santos Sentinelas foi seu princípio e a sua primeira fundação. Maus espíritos eles estarão sobre a terra, e de espíritos da maldade eles serão chamados. A habitação dos espíritos do céu será no céu, mas sobre a terra estará a habitação dos espíritos terrestriais, os quais são nascidos na terra.

TODO O PLANO SE DIVIDE EM DOIS.

1° TERRESTRIAIS nascidos da terra Há dois tipos de espíritos:

Uns terrestriais que tem origem da carne resultado dos sistemas que influenciam a mente estabelecendo falsas verdades. E os seres celestiais. Estes oprimem, corrompem, caem, contendem e confundem a terra. Outro cuja habitação é os céus

2° CELESTIAIS, nascidos do céu.

Note as muitas implicações dos versículos 3-8 com respeito à progênie dos maus espíritos.

9 Os espíritos dos gigantes serão semelhantes às nuvens, os quais oprimem, corrompem, caem, contendem e confundem sobre a terra.

A palavra grega para "nuvem" aqui, nephelas, pode ocultar a mais antiga leitura, Napheleim (Nephilim).

Eles são a razão de toda lamentação humana

10 Eles causarão lamentação.

Nenhuma comida eles comerão; e terão sede; eles se esconderam e não se levantarão contra os filhos dos homens, e contra as mulheres; pois eles virão durante os dias da matança e da destruição.

A Origem dos Maus Espíritos e a Deformação da Humanidade estabelecendo outros valores negligenciando a própria essência.

A concepção dos maus espíritos, segundo a tradição religiosa, remonta aos Sentinelas caídos, cujo legado se manifestou na terra. Como é dito: "Maus espíritos procederão de sua carne, porque foram criados de cima; dos santos Sentinelas foi seu princípio e a sua primeira fundação. Maus espíritos eles estarão sobre a terra, e de espíritos da maldade serão chamados. A habitação dos espíritos do céu será no céu, mas sobre a terra estará a habitação dos espíritos terrestres, nascidos da terra".

Esses espíritos corrompidos não precisam de alimento nem de descanso, e sua presença devastadora sobre a terra é a causa de incessantes lamentos. Sua influência é tamanha que a humanidade sofre uma contínua desumanização, um reflexo de como o ego se eleva, devora a essência humana e a transforma o ser em algo muito além de sua natureza original, num superego.

Capítulo 7

O Superego e a Degradação da Humanidade

O ego, quando inflamado pela busca desenfreada de poder e autopromoção, se expande em um superego, que devora os valores da essência e a alma humana acaba perdida em meio ao caos.

O que vemos hoje é uma sociedade marcada pela frieza, pela ambição desmedida e pela corrupção dos valores mais sagrados. A capacidade de amar, perdoar e cultivar virtudes divinas se extingue, dando lugar a uma mentalidade dominada pelo poder, pelo cálculo e pela insensibilidade. O resultado é uma transformação grotesca: uma humanidade que se afasta de sua essência para se tornar algo bizarro, como os deuses caídos e titãs da mitologia.

Como o Apóstolo Paulo escreve: "Seus desejos incontroláveis pelo poder os corrompem." E assim, dia após dia, serão consumidos e devorados pela sede e fome insaciável do ego. E assim, os homens serão condicionados por essa corrida insana, na qual o fará abandonar a verdadeira natureza humana barganhando por uma fictícia. E assim criamos monstros internos, moldados pela vaidade e pela soberba. Estes passam a habitar nosso território mental.

E consequentemente trará um impacto na Saúde e na Estrutura Física.

Esse desejo insaciável pelo poder não apenas corrompe o espírito, mas também destroi o corpo. Nossos corpos, limitados por natureza, foram criados para abrigar humanos, não deuses. O estresse e as doenças associadas ao estilo de vida acelerado, à busca incessante por reconhecimento e ao culto ao ego sobrecarregam nossa estrutura física. O corpo não é capaz de suportar tamanha agressão sem trazer as consequências. Assim, as enfermidades se manifestam como resultado inevitável dessa degradação.

A Luta Contra o Gigante Interior

Ser filho de Deus é uma chamada para abandonar essa loucura e reconquistar nossa verdadeira humanidade. Resgatar dentro de nós a verdadeira natureza divina a qual trazemos na essência e que está adormecida.

Mas, antes que possamos trilhar esse caminho, devemos travar uma luta feroz para sairmos do caos mental. A batalha começa dentro de nós, onde enfrentamos o gigante que foi gerado e que foi alimentado em nossa mente, fruto das influências e condicionamentos coletivos.

Interessante a similaridade da nossa imaginação, representada pela figura de Gaia na mitologia grega, esse personagem do mito era a personificação que gera e deu origem a esse padrão mental distorcido. Porém, o resgate da nossa humanidade perdida pela fertil imaginação exige uma jornada consciente, onde devemos desfazer o que foi construído sobre as ilusões e mentiras.

O Livro de Enoque e a Alegoria da Corrupção

O Livro de Enoque traz uma profunda alegoria sobre esse processo de corrupção e a perda da verdadeira natureza humana. Nele, os gigantes, filhos dos Sentinelas, devoram a humanidade, uma clara metáfora para o superego que destroi nossos valores essenciais e nos afasta de nossa verdadeira identidade original.

O apócrifo nos lembra que essa luta é necessária, e que é preciso enfrentar e derrotar essas forças para restaurar a pureza da nossa essência.

Livro de Enoque Capítulo 7

1 E aconteceu depois que os filhos dos homens se multiplicaram
naqueles dias, nasceram-lhe filhas, elegantes e belas. 2 E
quando os anjos, os filhos dos céus, viram-nas, enamoraram-se

delas, dizendo uns para os outros: Vinde, selecionamos para nós mesmas as esposas da progênie dos homens, e geremos filhos.

3 Então seu líder Samyaza disse-lhes: Eu temo que talvez possais indispor-vos na realização deste empreendimento;

4 E que só eu sofrerei por tão grave crime.

5 Mas eles responderam-lhe e disseram: Nós todos juramos;

6 (e amarraram-se por mútuos juramentos), que nós não mudaremos nossa intenção mas executamos nosso empreendimento projetado.

7 Então eles juraram todos juntos, e todos se amarraram (ou uniram) por mútuo juramento. Todo seu número era duzentos, os quais descendiam de Ardis, o qual é o topo do monte Armon.

8 Aquele monte portanto foi chamado Armon, porque eles tinham jurado sobre ele, e amarraram se por mútuo juramento.

9 Estes são os nomes de seus chefes: Samyaza, que era o seu líder, Urakabarameel, Akibeel, Tamiel, Ramuel, Danel, Azkeel, Saraknyal, Asael, Armers, Batraal, Anane, Zavebe, Samsaveel, Ertael, Turel, Yomyael, Arazyal. Estes eram os prefeitos dos duzentos anjos, e os restantes estavam todos com eles.

O texto aramaico preserva uma lista anterior dos nomes destes Guardiães ou Sentinelas: Semihazah; Artqoph;

Ramtel; Kokabel; Ramel; Danieal; Zeqiel; Baraqel; Asael; Hermoni; Matarel; Ananel; Stawel; Samsiel; Sahriel, Tummiel; Turiel; Yomiel; Yhaddiel.

10 Então eles tomaram esposas, cada um escolhendo por si mesmo; as quais eles começaram a abordar, e com as quais eles coabitaram, ensinando-lhes sortilégios, encantamentos,e a divisão de raízes e árvores.

11E as mulheres conceberam e geraram gigantes.

O texto grego varia consideravelmente do etíope aqui. Um manuscrito grego acrescenta a esta secção, "E elas [as mulheres] geraram a eles [as Sentinelas] três raças: os grandes gigantes. Os gigantes trouxeram [alguns dizem "mataram"] os Naphelim, e os Naphelim trouxeram [ou "mataram"] os Elioud. E eles sobreviveram, crescendo em poder de acordo com a sua grandeza." Veja o registro no Livro dos Jubileus.

12 Cuja estatura era de trezentos cúbitos. Estes devoravam tudo o que o labor dos homens produzia e tornou-se impossível alimentá-los;

13 Então eles voltaram-se contra os homens, a fim de devorá-los;

14 E começaram a ferir pássaros, animais, répteis e peixes, para comer sua carne, um depois do outro, e para beber seu sangue.

Sua carne, um depois do outro. Ou, "de uma outra carne". R.H. Charles nota que esta frase pode referir-se à destruição de uma classe de gigantes por outra.

15 Então a terra reprovou os injustos.

A Corrupção dos Valores Humanos e a Ascensão da Egolatria

Ao promoverem o ego e alimentá-lo com a soberba da vida, esses indivíduos se tornam gigantes em sua própria concepção mental, crescendo e expandindo seu domínio. A busca pela projeção pessoal no mundo é uma constante na natureza humana. O que as pessoas pensam de nós, como nos veem, torna-se uma preocupação incessante e uma busca que permeia todas as esferas da vida humana.

No entanto, como o Apóstolo Paulo observa em suas epístolas, muitos pregam o evangelho por contenda ou vanglória, distorcendo o propósito original. A verdadeira pregação, no entanto, deve ser com humildade, sem esperar pagamento ou reconhecimento, mas sim como uma expressão de gratidão e amor genuíno. Infelizmente, o que vemos hoje é um sistema corrompido, no qual muitos se comportam como cães gulosos, famintos por devorar as ovelhas. Lobos disfarçados de ovelhas, líderes tomados pela ganância, disputando o controle e buscando acumular membros sob seu comando. Para esses líderes, os membros são apenas mercadoria, e o lucro é a principal motivação.

O poder e a autoridade são exibidos como símbolos de glória, com métodos manipulativos usados para atrair suas presas, como feras indomáveis.

A busca pela promoção pessoal não se limita à religião. Seja por meio da espiritualidade, da inteligência, da beleza física, de dons naturais, profissões ou qualquer outra habilidade, o homem constantemente busca a elevação de si mesmo. A vanglória, que deseja a adoração do ego, está sempre presente. O que nos destaca, o que nos projeta na sociedade, nos coloca acima dos outros, será sempre um anseio de uma alma sedenta por poder. Quando descobrimos aquilo que pode nos promover, concentramos toda a nossa energia nisso.

Esse desejo insaciável pela promoção pessoal se tornou um anseio quase incontrolável na humanidade corrompida. Esse impulso é tão contagiante que os homens direcionam todas as suas forças para alimentar esse desejo.

O sistema que governa o inconsciente coletivo tem programado o ser humano para essa busca incessante pela elevação do ego. E aqueles que fogem desse padrão são menosprezados e marginalizados. Isso é inerente à natureza humana caída, que, ao aprender no caos mental, só encontrará um caminho de mudança quando se encontrar com Cristo e sua verdade. A partir desse encontro, uma nova consciência será estabelecida.

No entanto, no que diz respeito à corrupção, tudo se torna justificável na busca pela promoção do ego. Até mesmo um ato de caridade pode ser transformado em um meio de vanglória, desde que seja realizado publicamente para que todos vejam o quanto somos generosos.

A corrupção é tão profunda que até a própria justiça é utilizada como uma ferramenta para destacar o indivíduo, criando uma falsa sensação de superioridade. Mesmo os comportamentos aparentemente honestos podem ser utilizados para promover o ego, e exigirmos reconhecimento por nossas ações corretas.

Esse processo, contínuo e insidioso, está transformando a humanidade. Aos poucos, os seres humanos estão se tornando arquétipos grotescos e bizarros, distantes de sua essência original. O egocentrismo e a egolatria se tornam os pilares de um novo padrão de pensamento, no qual todos os indivíduos adotam esses modelos deformados. É assim que o "gigante" nasce e cresce, e, uma vez estabelecido, precisa ser destruído para que possamos retornar ao padrão humano verdadeiro.

Alguns indivíduos, por sua vez, descobrem formas de se promover até nos aspectos mais negativos de sua existência. Seja por meio de suas imperfeições, deficiências físicas, pobreza ou miséria, qualquer coisa que possa ser usada para a promoção pessoal é explorada. Até mesmo se aproveitam das desgraças alheias e, se se julgam vítimas de uma situação e utilizam isso para se destacar. Na religiosidade, isso se torna uma estratégia amplamente utilizada para promoção pessoal, onde, por trás de um religioso caridoso e eloquente, sempre há o desejo de vanglória, reconhecimento e aplausos.

Esses indivíduos amam os púlpitos da vida, adoram estar nos pináculos dos templos, buscando o prêmio da injustiça. E, quando alguém tenta tirar isso deles, o ego enganoso se manifesta em toda a sua força se contrapondo.

O que nos promove diante dos homens? Pare e pense sobre isso.

Destruir um arquétipo não é tarefa fácil. Exige o estabelecimento de novos hábitos, novos padrões de pensamento e a destruição de ações e manias que, muitas vezes, passam despercebidas no cotidiano. Elas se somatizam. É um trabalho árduo, mas necessário, se desejamos restaurar a humanidade em sua forma original e alcançar a verdadeira essência.

Capítulo 8

Em busca do verdadeiro Paraiso

O verdadeiro paraíso é a conquista da harmonia entre nossos instintos e sentimentos, um estado em que tudo se ajusta em um equilíbrio universal, integrado com o ambiente ao redor. Assim como os astros seguem suas órbitas com precisão e cada criação encontra seu papel e sua função no grande esquema da existência. Assim deverá ser em nosso território mental.

Esse equilíbrio é o reflexo do alinhamento do "eu sou" com o meio em que vivemos.

Mas quando o "eu sou" se torna o verdadeiro Senhor soberano de nossas vidas?

Isso acontece quando reconhecemos que nenhum deus externo governa mais nossas ações e pensamentos. Somente então encontraremos a paz interior, uma paz que é o fruto de uma soberania que se manifesta de forma processual, lenta e gradativa. Essa soberania se revela no cumprimento da própria Justiça divina, na qual fora estabelecida na essência interior e passa a reger tudo o que há em nós.

A mente um território vencido

A mente é um território vencido pela egolatria, pelo superego que precisa ser destruído ou a tornará cativa de seus desejos. Mas para podermos vencê-lo, precisaremos entendê-la.

Qual a origem de um superego pervertido. O que ele traz de ameaça aquilo de humano que há em nós e como se desenvolve?

O enredo deste manuscrito nos traz exatamente esta compreensão. O estabelecimento de um superego gerado da perversidade e a separação do consciente coletivo corrompido que nos é necessário se quisermos a eleição.

Este é o cerne do livro de Enoque. Tudo tem origem nas vaidades. E somente o sacrifício contínuo delas nos fará equilibrar o caminho da justiça que se inicia com a entrada pela porta.

O entendimento tem uma porta de entrada. E são poucos os que entram por ela.

Na maioria das vezes temos a consciência que precisamos mudar nossa maneira de pensar. Porém não a fazemos por causa dos outros ou em razão de uma ação contínua e influente de um coletivo social o qual vivemos que nos pressiona a não partir em busca da consciência.

Mudar é ir na contramão de um mundo que pensa de maneira coletiva. Onde os padrões de pensamentos estão estabelecidos e moldam a estrutura pensante de toda uma sociedade.

Quando há entendimento, nos leva a enxergar o quanto estas coisas nos afastam de si mesmo. As circunstâncias são uma delas. É uma forma de abrir nossos olhos.

As experiências nos fazem mudar nossa maneira de pensar. Não poderíamos utilizar isto como regras, pois sofrer parece não ser um bom negócio. Pois há muitas resistências as quais associam os sofrimentos a serem algo combatidos.

Lembre-se que a mudança da mente é um processo.

Há dois Eus sou.

O interior relacionado a essência (coração)

O exterior (mental)

O eu sou que está dentro de mim só será descoberto progressivamente na medida em que sacrifico das minhas vaidades forem feitas.

Desta maneira progressivamente o deus exterior vai sendo afastado e vencido na medida em que o meu "Eu sou" interior vai se revelando.

Se afastar da essência trará terríveis consequências. Quando nos afastamos do nosso eu interior, manifestaremos muitas enfermidades.

Na verdade, inconscientemente já estamos afastados e precisamos voltar. O mundo e a convivência com as pessoas e determinadas situações influenciam nossa maneira de ser. Por esta razão devemos transpô-las.

Transpor personalidades que querem se ajustar. As circunstâncias vão sugerindo e nos moldando levando-nos a assumir identidades aceitas pelo exterior.

Carregar bagagens de personalidades que não são nossas.

O respeito e a referência para com o meu "Eu sou" essência será fundamental para o exercício de nossa existência.

Qual o caminho que me leva ao meu Eu sou interior?

Quem são os inimigos do meu Eu sou essência?

O que anula e afasta meu Eu sou essência?

O Eu sou mental combate ferozmente com o meu Eu sou interior ?
Sim.

Chegar ao santuário interior, onde essa soberania reside, é um caminho ordenado e exige a observância de determinados procedimentos. Existem condutas a serem aplicadas e seguidas com rigor. Antes que essa essência interna reine de forma absoluta, ela precisa primeiro ser descoberta. Quando o Senhor, o "Eu sou", se estabelece em nosso caráter, Ele passa a dominar e reinar em nossas vidas e o eu sou mental perde as forças.

Mas para dar a Ele essa soberania, precisamos primeiro conhecê-Lo profundamente. Quem é o meu "eu sou"? Nele está expressa a plena vontade de Deus.

Nossa essência é o santuário sagrado onde estão guardados os tesouros ocultos do "eu sou" e que jamais poderão ser profanados. O caminho até esse santuário passa por rituais e ordenanças que devem ser rigorosamente observados. Todas as normas, recomendações e regras que conduzem ao âmago do santuário são de suma importância e não podem ser quebradas. É lá que encontraremos nosso "eu sou", conhecendo-o em profundidade e descobrindo os tesouros sagrados do nosso ser.

Uma figura onde a analogia, as metáforas escritas por Moisés nos pentateucos tentam mostrar esta realidade.

A entrada ao tabernáculo nos traz um profundo ensino.

É o mapeamento da trajetória da alma em busca e a leva ao seu encontro com o "Eu sou" interior. É descer da mente enganosa cheia de elementos pensantes do mundo exterior, para o coração que guarda os segredos de toda existência.

Só após passarmos pelo pátio (falaremos disso em outro post), haverá dois véus que separam o acesso a ambos espaços.

O primeiro é o véu das vaidades que impedem o acesso ao lugar santo onde estão o candelabro das sete hastes, o altar de incensos e a mesa dos pães da proposição.

Por esta razão, antes que estejamos aptos a adentrar além desse véu, devemos sacrificar nossas vaidades no altar do holocausto.

O segundo Véu é o da nossa ignorância de si mesmo que nos impede de ter acesso à Arca da Aliança. É nela que estão todos os registros da eternidade do meu eu sou.

Não teremos consciência desta verdade interna sem cumprir os protocolos da jornada.

O acesso a estas informações estarão restritas a nossa consciência e só se revelarão mediante ao cumprimento desses protocolos.

A grande maioria dos indivíduos passam por sua existência em uma profunda ignorância de si mesmo.

E isto trará um desconforto à alma. Uma certa sensação de não ter cumprido a verdadeira razão de sua existência. Morre com uma dívida consigo mesmo. E isso é terrível, pois a levará para a eternidade.

A maioria dos elementos pensantes que trazemos em nosso ambiente mental, não provém só da influência exterior. Mas trazemos da nossa eternidade. E vencê-las será nosso principal desafio existencial.

Tornarmos aperfeiçoados como diz as escrituras é vencer estas gafes e armadilhas que trazemos da eternidade, as quais estão somatizadas e ecoam em nosso comportamento. Algo como uma pré-programação proveniente da eternidade.

Nossa essência é composta tanto de vícios e tendências como de virtudes. Algo polarizado entre o bem e o mal.

O que é cometer gafes? O que é cometer uma gafe? Substantivo feminino Ação e/ou dito que denota indiscrição; comportamento impensado cujo resultado pode ser desastroso; mancada. Etimologia (origem da palavra gafe.

I João Cap. 2

5, Mas qualquer que guarda a sua palavra, o amor de Deus está nele verdadeiramente aperfeiçoado; nisto conhecemos que estamos nele.

Capítulo 9

Pentagrama e Hexagrama

No Capítulo 21 de Enoque, ele descreve um lugar de grande desolação, onde viu sete estrelas amarradas. Para entender essa visão, é necessário compreender os dois tipos de glória:

Primeiro é a glória do homem, conquistada por seus méritos e obras, representada pelo pentagrama, a estrela de cinco pontas.

Segunda é a glória conquistada pela fé no Senhor, representada pelo hexagrama, símbolo da plenitude divina.

Enoque testemunha um cenário onde sete estrelas estavam amarradas, simbolizando uma obra incompleta.

Isso representa uma obra iniciada pelo Senhor no entendimento do homem, mas que foi abandonada pelo caminho devido à transgressão e ao afastamento da fé.

Quando o homem abandona o amor transformador que emana do Senhor interior, ele se lança em um estado de sofrimento e desolação. Não importa o quanto o entendimento humano tenha sido elevado, ele será rebaixado ao mais profundo estado de ignorância espiritual se a fé for abandonada. Será arremessado ao abismo da ignorância.

Este é o risco que todos correm quando em ascensão, o de se deixar seduzir pelo reconhecimento dos homens e pela glória mundana. Quando alguém que está em processo de ascensão espiritual passa a buscar a recompensa da injustiça, essa pessoa inevitavelmente encontrará um estado inacabado, uma glória que jamais será duradoura.

O pentagrama, nesse contexto, simboliza uma obra incompleta, conquistada pelos méritos humanos e destinada a perecer.

Por outro lado, o hexagrama representa a glória de Davi, uma coroa de justiça adornada com diademas que representam valores espirituais. Suas seis pontas, ou chifres, simbolizam os seis poderes divinos, pois na simbologia bíblica o chifre representa o poder.

Aqueles que alcançam a luz, mas não permanecem firmes na fé, terminam amarrados a um destino desolado e incompleto, presos em um ciclo de glória terrena efêmera e sofrimento espiritual eterno.

Capítulo 10

Um período de perigo e condenação

A frase parece estar relacionada à ideia de que, segundo o profeta Enoque, partes de nossa jornada espiritual ou moral podem não ser aprovadas, ou seja, podemos cometer erros ou seguir caminhos que podem nos desviar do ideal divino.

A ideia de uma "caminhada reprovada" sugere que nossas ações podem ser e serão julgadas ou avaliadas constantemente Seremos sempre sabatinados. Isso nos lembra o Sabat.

Muitos textos bíblicos falam de vigilância e arrependimento ao longo da vida, para que possamos estar sempre em alinhamento com os preceitos de Deus. O conceito de aprovação ou reprovação divina também aparece em outros livros da Bíblia, como nas cartas de Paulo e nos Evangelhos.

Capítulo 90 A condenação dos períodos

A condenação dos períodos.

Um tema bastante interessante que está registrado no livro de Enoque,cap 6:12

7 Nestes dias tu resignas tua paz com a eterna maldição de

todos os justos, e os pecadores perpetuamente te execrarão;

8 Eles te execrarão com tudo o que não é divino.

9 Os eleitos possuirão luz, alegria e paz; e herdarão a terra.

10 Mas tu, que não és santo, serás amaldiçoado.

11 Então a sabedoria será dada aos eleitos, todos os que viverão, e não transgrediram por impiedade ou orgulho, mas humilhar-se-ão, processando prudência, e não repetirão transgressão.

12 Eles não condenarão todo o período das suas vidas, não morrerão em tormento e indignação; mas a soma dos seus dias se completará, e envelhecerão em paz; enquanto os anos de sua felicidade se

multiplicarão em alegria, e com paz, para sempre, em toda a duração de sua existência.

Note que ele fala de uma condenação parcial da nossa vida.

Isto é, dependendo de algumas atitudes nossas durante a peregrinação de volta à essência, serão exigidas em cada um dos períodos ou unidades de consciência, o cumprimento de certos protocolos e aí poderemos ser aprovados ou reprovados.

Tudo dependerá de nossas atitudes e de como nos comportamos em cada uma das unidades ou ciclos da jornada.

Sempre haverá um julgamento a cada nova unidade adentrada. Mas Ele nos guardará tanto na entrada como na saída de cada fase ou etapa. Nos trará consciência para cumprirmos os protocolos.

E é certo que a reprovação resultará em condenação daquele determinado período.

E a sentença será de ficarmos ali estabilizados sem avançar no processo na busca por consciência de si mesmo.

Para entendermos melhor a dinâmica disto, precisamos compreender que a vida espiritual é, na verdade, toda uma trajetória iniciando-se na saída do mundo das trevas ou da ignorância espiritual, o caos mental seguindo para uma iluminação mais intensa da consciência de si mesmo.

E esta trajetória é demarcada por períodos ou fases na busca por uma consciência cada vez maior e mais pura. Gerando assim novas realidades. É a mente que como um território que deve ser conquistado, abra espaço e expulse os inimigos que ali se estabeleceram.

E está dividida por uma ordem progressiva classificada por unidades de consciência.

Segundo o livro de Hebreus, a ordem de Melquisedeque.

E cada uma das unidades serão compostas de valores os quais devem ser conhecidos, agregados e que após serem supostamente postos à prova, estarão licenciados a continuar.

Uma vez provadas, darão condições de sermos transportados a uma nova unidade.

Desta forma vamos crescendo em consciência de si mesmo. E é justamente aí que encontraremos Deus.

A plenitude na iluminação da consciência deve ser o objetivo maior. Porém, chegar a este ou a outros níveis mais elevados de consciência, deverá ser desenvolvido todo um trabalho progressivo.

Ninguém avançará em consciência se não for fiel naquilo que já adquiriu de valor.

Ser fiel no pouco e no muito seremos colocados. Esta é a recomendação do Senhor nos evangelhos.

Pois, por que queremos mais se nem soubemos aproveitar aquilo que já nos foi dado?

Com relação à busca por consciência é assim, cumpra aquilo que já foi adquirido pela consciência ou ficará estagnado como água represada que apodrece.

Então, veja o valor da obtenção de consciência e a aplicação dela.

Há regras dispostas e vamos sendo julgados, aprovados ou reprovados de acordo com cada unidade.

Isto é uma lei determinada a cada padrão estabelecido na consciência. Observe um pouco os textos do livro de Enoque e compare com tudo que já mencionamos.

Vamos fazer um apanhado de tudo o que já falamos.

Enoque 97:1 fala dos que honram as palavras de falsidade. O juízo dos que distorcem as verdades divinas gerando seus próprios conceitos.

Enoque 60 fala de uma medida. A medida do justo. A justiça também se mede em graus.

Enoque 68:40 fala dos graus de corrupção. Podem chegar a uma perversidade extrema.

Enoque 14 mostra que existe um registro (livro), onde fala da retidão e da reprovação dos espíritos.

Enoque 46:6 — o espírito em eterna Ascensão.

Uma das características do espírito é que ele pode mudar e variar sua psique conforme o grau de pureza ou de corrupção. Enoque 68:40

A justiça divina eleva o espírito, Enoque 60

Veja que um espírito se movimenta como diz Enoque 46:6, podendo ser em escala ascendente ou descendente.

Capítulo 89 do livro de Enoque

Fala da realidade das ovelhas do Senhor sendo massacradas e exploradas por "pastores", cujos instintos são devoradores.

Veja:

1 E eu observei durante o tempo, que assim trinta e sete pastores estiveram inspecionando, todos dos quais terminaram em seus respectivos períodos como o primeiro. Outros então receberam-nos em suas mãos, para que pudessem cuidar delas em seus respectivos períodos, cada pastor em seu próprio período.

2 Depois disso eu vi na visão, que todos os pássaros do céu chegaram; águias, o viveiro, o papagaio e corvos. A águia instruiu a todas.

3 Elas começaram a devorar as ovelhas, a picar seus olhos, e a comer seus corpos.

4 A ovelha então clamou; pois seus corpos foram devorados pelos pássaros.

5 Eu também clamei, e gemi em meu sono contra os pastores que cuidavam do rebanho.

6 E olhei, enquanto as ovelhas eram comidas pelos cães, pelas águias e pelos corvos. Eles não deixaram seus corpos, nem sua pele, nem seus músculos, e somente seus ossos restaram; até seus ossos caíram sobre o chão. E a ovelha ficou diminuída.

Compare o texto com relação profética:

Isaías 56

10 As sentinelas de Israel estão cegas e não tem conhecimento, todas elas são como cães mudos, incapazes de latir. Deitam-se e sonham; só querem dormir.

11 São cães devoradores, insaciáveis. São pastores sem compreensão nem entendimento; todos apenas seguem seu próprio caminho natural, cada um busca com avidez vantagens apenas para si.

12 "Vinde, vou buscar vinho, embriaguemo-nos com bebida forte; amanhã será como hoje, um dia incomparavelmente delicioso, ou até melhor ainda!"

2 Guardai-vos dos cães, guardai-vos dos maus obreiros, guardai-vos da circuncisão;

Enoque: Capítulo 10: Mas tu, que não és santo, serás amaldiçoado

Então, a sabedoria será concedida aos eleitos, àqueles que viverão e que não transgrediram por impiedade ou orgulho, mas que se humilharam, praticando a prudência e evitando repetir suas transgressões.

Esses não serão condenados durante toda a sua vida, nem morrerão em tormento e indignação. Pelo contrário, seus dias se completarão e eles envelheceram em paz, multiplicando seus anos em alegria e vivendo em paz por toda a duração de sua existência.

A plenitude da iluminação da consciência deve ser o objetivo maior, mas para alcançar níveis mais elevados, é necessário um trabalho contínuo. Ninguém avança se não for fiel ao que já adquiriu.

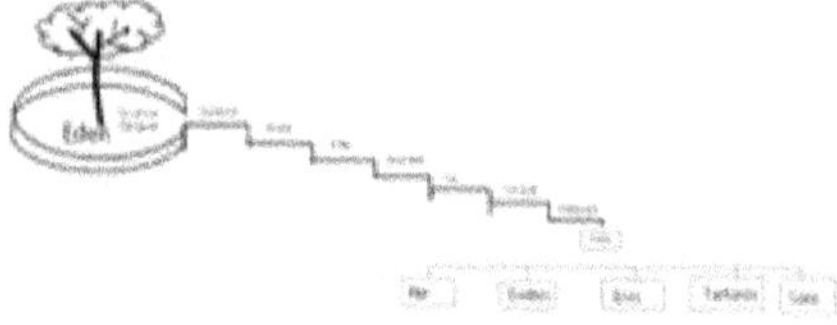
Eden

Capítulo 11

Nefilins e Eliouds arquétipos de uma humanidade perdida

Os anjos são inteligências, onde cada um deles dentro de uma hierarquia tem sua própria função e uma estrutura mental. São na verdadeiros padrões mentais que influenciam os homens em suas mentes através de seus pensamentos.

Esses seres, são verdadeiros arquétipos mentais que regem determinadas áreas do território mental.

Talvez você já tenha ouvido falar dessa palavra, Nephilim.

Eles fizeram parte da história da humanidade segundo as escrituras sagradas. O livro de Gênesis faz menção a eles como uma raça de gigantes que foram uma constante ameaça aos povos de sua época. Veja o que a história diz acerca deles abaixo:

Nephilim (hebraico:. נְפִילִים) termo derivado do hebraico naphal (ele caiu), é um termo que ocorre três vezes na Bíblia, em Gênesis 6:4 e Números 13:33.Sabedoria 14:06

A Septuaginta traduziu o termo pela palavra grega que significa, literalmente, nascido da terra, e as traduções seguintes verteram o termo para gigantes. Lutero traduziu nefilim como tiranos.

Na tradução original "benai elohim" no capítulo 6 de Gênesis se refere a eles e aparentemente relacionados à descendência de Sete.

Todas as referências de gigantes que aparecem nos livros de Erich von Däniken também apontam para os Nefilins, bem como, os escritos de Zecharia Sitchin que ao se referir aos Anunnakis das tabuletas do povo sumérios também apontam para os Nefilins.

Os gigantes que aparecem no Velho Testamento bíblico deixaram de existir no período do Rei Davi, onde possivelmente foram todos dizimados.

O próprio gigante Golias, morto por Davi era um descendente longínquo dos Nefilins, mas bem inferior aos primeiros que aparecem no período pré-diluviano e que são possivelmente os principais motivadores da destruição daquele mundo antigo, conforme 2 Pedro 2.4 e Judas 6.

Segundo Adam Clarke, a tradução de nefilim como gigantes é um erro: o texto de Gênesis faz uma distinção entre os filhos dos homens e os filhos de Anjos; os filhos dos homens seriam os nefilim, homens caídos e nascidos da terra, com a mente animalesca e diabólica, contrastando com os filhos de Anjos. Esta distinção seria entre os pecadores e os santos. Os nefilim teriam se tornado gibborim, do hebraico gabar (eles prevaleceram, foram vitoriosos) que significa conquistadores ou herois.

Carl Friedrich Keil e Franz Delitzsch também atribuem a tradução de nefilim como gigantes a um erro.

Segundo estes autores, a interpretação de Gênesis 6:4 é controversa, porém eles rejeitam como absurda a ideia de que a passagem se refere à reprodução entre anjos (filhos de Deus) e filhas dos homens, produzindo uma raça de monstros, como se fossem semi deuses, demônios ou anjos-homens.

Segundo Keil e Delitzsh, os nefilim, ou seja, os tiranos, já habitavam a terra antes dos filhos de Deus (descendentes de Sete) terem filhos com as filhas dos homens (descendentes de Caim), e continuaram existindo depois que nasceram os filhos destas uniões.

A. H. Sayce, porém, ao comentar sua tradução de uma inscrição de Tiglate-Pileser I, interpretou que a palavra naplu, que ele verteu como o poderoso destruidor, era a mesma palavra que nephilim, ou gigantes. Senaqueribe também menciona Napallu como um deus protetor.

Pois bem, vemos aí relatos e hipóteses das mais diversificadas acerca destes polêmicos personagens.

Mas vamos deixar estes aspectos e olharmos para outra ótica. Deixar as teorias e fábulas que torneiam a interpretação deste livro e seus personagens.

Na verdade os vejo como uma figura que representa arquétipos mentais onde se tornarão os protagonistas de uma terrível corrupção dos pensamentos humanos devorados em seus valores. E isto perdura até hoje.

Estamos diante de alegorias, metáforas onde o divino em sua linguagem própria quer nos ensinar sobre a dinâmica da corrupção da mente que se perde na busca por consciência de si mesmo.

Trata do mundo dos pensamentos onde operam padrões que destroem os valores humanos. E isso ocorre porque ao buscar consciência de si mesmo, os homens se perdem e se deixam dominar pelos seus instintos.

Quando olhamos por esta ótica, não temos dúvida que se trata de uma mensagem atual que sempre existiu no mundo dos pensamentos.

Se existiram ou não fisicamente, não nos importa. O importante é o ensino que esta narrativa nos traz.

E é tão atual e profética que não dá para descartá-la se realmente queremos ascender em consciência na verdade.

É através deles que podemos entender todo o processo de corrupção e o estabelecimento da perversidade na mente do homem.

O processo se inicia quando abandonamos nosso Éden ou a nossa própria essência para buscar aquilo que o sistema corrompido nos sugestiona.

O espírito que é a própria essência é traído pela alma que se perde no anseio de alimentar seu ego. E a fome insaciável faz crescer esse ego tornando-o num superego pervertido.

A partir daí, dá pra imaginar os resultados deste gigantismo estabelecido. E ele está aí operante neste mundo.

Todos nós estamos à mercê disto. É o próprio caminho da alma na busca pela consciência interior. Todos, sem exceção, passam por este processo e precisam despertar para esta verdade.

A própria obra de Cristo através do seu Espírito quer nos auxiliar nesta luta para destruir um superego estabelecido na mente caótica em corrupção.

Não pense você que é especial. Todos nós teremos que lutar contra padrões de pensamentos enfiados em nós goela abaixo.

Se acreditamos que somos privilegiados, já estaremos enganados.

Como diz o próprio apóstolo Paulo.

"Todos pecaram e estão destituídos da glória de Deus".

E a glória de Deus é o homem humanizado e não endeusado pelo seu ego.

Se por ventura trazemos dons naturais, talentos, dotes, etc. Tudo será virtuoso e que seja usado para o benefício coletivo da humanidade e não na promoção do nosso ego. Mas há vícios também.

A Arca da aliança representa e figura nossa essência.

Pois é através dessa essência que o Senhor manifesta aquilo que somos e trazemos como herança da nossa eternidade.

Nela se concentra todos os nossos segredos do que somos porque somos.

Nela se revela todos os nossos vícios e virtudes.

Nela estão registradas todas as nossas experiências passadas e histórias.

É um arquivo morto onde armazena todas as informações sobre nós.

Porque somos assim. Porque temos certos hábitos e manias. Porque somos tendenciosos para certas coisas.

Abrir esta arca é como abrir um livro de história.

O bem e o mal estão dentro da essência.

O Mito Pandora é muito interessante que através dele ilustramos mais esta verdade.

A história.

A Caixa de Pandora é um objeto extraordinário que faz parte da mitologia grega.

Trata-se de um caixa onde os deuses colocaram todas as desgraças do mundo, entre as quais a guerra, a discórdia, as doenças do corpo e da alma. Contudo, nela havia um único dom: a esperança.

Desde sua origem, o mito tem um caráter social. Neste caso, a Caixa de Pandora passou a representar a maldade que pode vir dela, a desobediência e a curiosidade que prejudica o ser humano.

A História do Mito

O titã Prometeu, defensor da humanidade e conhecido por sua inteligência, foi o responsável por roubar o fogo de Zeus e entregá-lo aos mortais. Assim, ele assegurava a superioridade dos homens sobre os animais.

Mas, o fogo era exclusivo dos deuses e de Zeus, senhor dos homens e supremo mandatário dos deuses que habitavam o monte Olimpo. Zeus havia proibido que o fogo fosse entregue à humanidade e, assim, quis se vingar.

Com o auxílio de todos os deuses, Zeus encarregou Hefesto, deus do fogo e dos metais, e Atena, deusa da justiça e da sabedoria, a fim de criar Pandora. Essa seria a primeira mulher a viver com os homens na Terra.

Pandora recebeu qualidades como graça, beleza, inteligência, paciência, meiguice, habilidade na dança e nos trabalhos manuais.

Antes de ser enviada à Terra, Zeus entregou-lhe uma caixa com a recomendação de que a mesma não deveria ser aberta.

Essa caixa continha todas as desgraças do mundo: a guerra, a discórdia, o ódio, a inveja, as doenças do corpo e da alma, como também a esperança.

Pandora não conseguiu resistir a curiosidade e, abrindo a caixa, libertou todos os males. Arrependida, tornou a fechá-la, mantendo presa a esperança.

O mito da caixa de pandora foi difundido por meio da obra "Os Trabalhos e os Dias", de Hesíodo. Pelo fato de a obra desse poeta grego do século VIII a.C. ter sido transmitida por via oral, não há precisão sobre esse mito.

A glória de Deus consiste nisto. Obtermos nossos melhores com relação aos outros. Porém, tudo é necessário neste conjunto para que o bem comum prevaleça sempre.

Como uma engrenagem que fará trabalhar com sincronia o todo.

Podemos ver como o criador fez todas as coisas. A própria natureza dá testemunho disso. Tudo dentro de um equilíbrio ecológico onde cada ser vivo é necessário e desempenha sua função.

O próprio conceito de misericórdia está na unidade de todos onde cada um tem seu papel para o bem estar coletivo. Porém isto não pode nos fazer melhores que os outros.

Cada vez que permitimos que certos valores humanos sejam destruídos em nós, estaremos praticando um crime contra a nossa própria humanidade.

Veja o que diz o Livro de Enoque Capítulo 8

Estamos diante de uma linguagem figurada. Fabricar espadas, facas, escudos e armaduras fala de argumentos criados para defender suas teorias malignas.

Fabricar espelhos e embelezamento, fala da nossa preocupação como o mundo nos vê, nossos reflexos e nosso posicionamento na sociedade cainita.

Veja como há um crescimento e um desenvolvimento da impiedade se transformando em iniquidade. A equidade é a observação de uma ordem disposta no caminho. A iniquidade perverte essa ordem. E Melquisedeque estabelece segundo o livro de Hebreus que se cumpra esta ordem. E a impiedade crescente dá lugar a iniquidade que acaba embaraçando esta ordem.

Este observador das estrelas é a busca pela grandeza da glória humana caída.

O clamor da alma mergulhada na ignorância clama. Não é propriamente um clamor de voz, mas um manifesto de insatisfação, de dor, de angústia inexplicável, um gemido de opressão. E vemos isto no rosto, nas atitudes, nos pressupostos de uma sociedade dominada pelos Nephilins e que certamente precisam passar por um julgamento e juízo.

Capítulo 12

A fome insaciável do ego

A busca pelo poder sempre dominou a mente humana em toda sua história. E não haverá limites para os que se entregam a este anseio.

Nas narrativas de Enoque vemos claramente isto no decorrer de vários capítulos.

Ao peregrinar rumo ao perfeito estado mental, passaremos por vários lugares ou fases.

Principalmente ao homem que conheceu a santidade e abandonou seus propósitos manifestando um desejo insaciável pelo poder e o reconhecimento. Ele perderá o limite neste objetivo e alimentará o ego com a soberba. Essa será a maldição para os que amam o prêmio da injustiça.

É como Enoque narra no capítulo 84 do seu livro.

E também no; Capítulo 32

1 Dali eu fui na direção das extremidades da terra, onde vi grandes feras diferentes umas das outras, e pássaros variados em suas aparências e formas, bem como com notas de diferentes sons.

2 Para a direita destas feras eu percebi as extremidades da terra, onde os céus cessam. Os portões do céu estavam abertos e vi as estrelas celestiais vindo. Eu enumerei-as enquanto elas procediam do portão e escrevi-as todas, enquanto elas saiam uma por uma, de acordo com seu número. Eu escrevi seus nomes completamente, seus tempos e estações, enquanto o anjo Uriel, que estava comigo, mostrava-as a mim.

3 Ele as mostrou todas a mim, e escrevi uma conta delas.

4 Ele também escreveu para mim seus nomes, seus regulamentos, e suas operações.

Capítulo 58

1 No quinquagésimo ano, no sétimo mês, no décimo quarto dia da vida de Enoque, naquela parábola eu vi o céu dos céus tremer, que ele tremeu violentamente e que os poderes do Altíssimo e dos anjos, milhares de milhares, e miríades de miríades, ficaram agitados com grande agitação. E quando eu olhei o Ancião de dias estavam assentados no trono de sua glória enquanto os anjos e santos estavam em pé ao redor dele. Um grande tremor veio sobre mim.

Meus lombos foram curvados e soltos, meus rins foram dissolvidos; e eu cai sobre minha face. O santo Miguel, outro santo anjo, um dos santos, foi enviado, o qual levantou-me.

2 E quando ele levantou-me, meu espírito retornou, pois eu fui incapaz de suportar essa visão de violência, sua agitação e o choque do céu.

3 Então o santo Miguel disse-me: Por que estás perturbado com essa visão?

4 Desde então tem existido o dia da misericórdia; Ele tem sido misericordioso e longânimo com todos os que habitam sobre a terra.

5 Mas quando o tempo vier, então o poder, a punição, e o julgamento tomarão lugar, o qual o Senhor dos espíritos preparou para aqueles que se prostrarem para o julgamento da retidão, para aqueles que renunciarem àquele julgamento, e para aqueles que tomam seu nome em vão.

6 Aquele dia foi preparado para os eleitos como um dia de convênio e para os pecadores como um dia de inquisição.

7 Naquele dia dois monstros serão distribuídos como alimento, um monstro fêmea, cujo nome é Leviathan, habitando nas profundezas do mar, acima das fontes de águas;

8 E um monstro macho, cujo nome é Behemoth, o qual possui, movendo-se em seu ventre, o deserto invisível.

9 Seu nome era Dendayen. A leste do jardim, onde os eleitos e os justos habitarão, onde ele recebeu-o de meu ancestral, desde Adão o primeiro dos homens, cujo homem o Senhor dos espíritos fez. Ele recebeu-o... primeiro dos homens. Ou, "meu bisavô foi tomado, o sétimo desde Adão".

Isto implica que esta seção do livro foi escrita por Noé, descendente de Enoque. Os estudiosos têm especulado que esta parte do livro pode conter fragmentos do perdido Apocalipse de Noé.

Irá gerar um entendimento perverso capaz de destruir tudo à sua volta.

O bode Azazel como objeto de sacrifício.

Azazel (em hebraico: עזאזל)[a] é o nome atribuído a um anjo, que seria encarregado da tarefa de levantar as faltas humanas e as enumerar perante o Tribunal Divino, durante o julgamento anual da humanidade.

É, por outro lado, uma figura misteriosa, que aparece por três vezes na Bíblia hebraica, relacionado expressamente com o ritual do Yom Kipur, quando, na época do Templo de Jerusalém, um bode era sacrificado para o Criador e outro, era destinado a Azazel, sendo este último animal encaminhado para morrer no deserto levando consigo os pecados do povo.

Azazel também é comumente conhecido como o responsável pelo pecado da Ira entre os Sete Príncipes do Inferno (que correspondem aos sete pecados capitais).

Ao lado de Shemihazah, liderou um grupo de duzentos anjos que desceram à Terra, com o fito de viver entre os humanos.

Conheceram as mulheres e com elas tiveram filhos.

Particularmente, Azazel teve filhos que pereceram no Dilúvio.

Esses rebentos foram chamados de nefilins.

O Texto Massorético indica um nome próprio que, à parte dessa menção, é inteiramente desconhecido (nas Escrituras):

Azazel, que os rabinos da Idade Média explicavam ser designação de um demônio peludo do deserto.

Então, Arão lançará sortes por um demônio. Ora, não se faz inclusão do culto ou adoração de demônios em parte alguma da Torá, e não pode existir a mínima possibilidade de que tal culto surja aqui (e nos versículos seguintes deste capítulo [Lv 16]. A óbvia solução desse enigma encontra-se na separação das duas partes da palavra 'Azazel', de modo que fique Azazel, isto é, 'o bode da partida ou da demissão'.

Noutras palavras, como o versículo 10 deixa bem claro, esse segundo bode deve ser conduzido para fora, ao deserto, para onde deverá encaminhar-se, e de modo simbólico, levar embora os pecados do povo de Israel, retirando-os do acampamento do povo.

É inquestionável que a LXX entendeu o versículo e o nome Azazel dessa forma, ao apresentar a grafia to apopêmptico (para o que for enviado para longe). De forma semelhante, a Vulgata traz capro emissário (para o bode que deve ser despedido). Assim, ao separarmos as duas palavras que foram indevidamente fundidas numa só no hebraico, passamos a ter um texto que faz sentido perfeito no contexto, sem fazer concessão a demônios, cujo exemplo não existe nas Escrituras.

Sentinela que foi reprovado por Enoque por manifestar uma iniquidade e trazer a corrupção da própria verdade.

Azazel será uma estrutura pensante perversa a qual deverá ser levada ao sacrifício. Destruir este padrão de pensamento.

Ele se estabelece com a preocupação de como o mundo nos vê?

Então fabricar espelho de ornamento foi a missão fundamental de um desses sentinelas que caíram e foram reprovados pelo Senhor. E que até hoje age na mente que se encontra no estado caótico.

Eu estou falando de Azazel o arquétipo daqueles que se preocupam com sua projeção no mundo e com sua aparência, seu status social e Como mudo as veem. Aquilo que as refletem, sua imagem neste mundo. E com esta preocupação foi a eles ensinados de como construir ornamentos espelhos aquilo que os levará a construir sua própria glória, fazendo-os abandonar a glória do Senhor.

Por essa razão e com esta preocupação foi a eles ensinados de como construir ornamentos espelhos aquilo que as promovem e as deixam mais vistosas e mais atraentes nesse mundo.

É uma preocupação com o próprio brilho, com o próprio reflexo que elas vão ter no mundo.

Então a manifestação de Azazel o bode que precisa ser sacrificado no Altar e que foi determinado isso a Moisés na lei do sacrifício. É extinguir este "Azazel" do nosso território mental onde estão os nossos pensamentos.

Conseguir sacrificá-lo no Altar será um desafio para a alma.

Estamos diante de uma representatividade de coisas as quais tem que ser extintas da nossa estrutura pensante.

Capítulo 62

1 Naqueles dias os reis que possuíram a terra serão punidos pelos anjos de Sua ira, onde quer que eles lhes sejam entregues, para que Ele possa dar descanso por um curto período de tempo; e para que eles prostem-se diante dele e adorem o Senhor dos espíritos, confessando seus pecados diante dele.

2 Eles abençoarão e glorificarão o Senhor dos espíritos dizendo: Abençoado é o Senhor dos espíritos, o Senhor dos reis, o Senhor dos espíritos, o Senhor dos ricos, o Senhor da glória, e o Senhor da sabedoria.

3 Ele iluminará toda coisa secreta.

4 Seu poder é de geração a geração e Sua glória para sempre e sempre.

5 Profundos são todos os Seus segredos e incontáveis; sua retidão não pode ser calculada.

6 Agora nós sabemos que devemos glorificar e abençoar o Senhor dos reis o qual é Rei sobre todas as coisas.

7 Eles também dirão: Quem nos tem permitido ficar para glorificar, louvar, abençoar, e confessar na presença da Sua glória?

8 E agora pequeno é o repouso que nós desejamos, mas nós não o encontramos; nós rejeitamos e não o possuímos. Luz passou diante de nós e a escuridão tem coberto nossos tronos para sempre.

9 Pois nós não confessamos diante dEle; não temos

glorificado o nome do Senhor dos reis; não temos glorificado o Senhor em todas as Suas obras, mas temos confiado no cetro do nosso próprio domínio e da nossa glória.

10 Naquele dia do nosso sofrimento e da nossa angústia Ele não nos salvará, nem encontraremos descanso. Confessamos que nosso Senhor é fiel em todas as Suas obras, em todos os Seus julgamentos e em sua retidão.

11 Em Seus julgamentos ele não paga nenhum respeito às pessoas; e nós devemos apartar-nos de sua presença por causa de nossos maus atos.

12 Todos os nossos pecados são verdadeiramente sem número.

O Homem como um ser pensante.

"O homem é uma criação surpreendente. É um ser pensante que tem a capacidade de conceber ideias, criar seu próprio mundo mental e a capacidade de escolher aquilo que quer pensar.

Isto os diferencia dos animais os quais vêm pré programados.

São infinitos os sugestivos padrões de pensamentos que podem ser gerados da mente humana. Diferente dos animais que já nascem com uma programação definida para sua existência. O homem ao contrário, tem o poder da escolha.

E nós somos aquilo que pensamos.

E vivemos sob uma ação coletiva onde as influências sugerem e criam verdadeiros padrões de pensamentos onde a grande maioria são na perversidade.

E aquilo que pensamos sugestionado pela própria cultura, pelo meio social o qual vivemos, através da mídia e por tantos outros meios de relacionamento comporá a estrutura pensante dos homens.

E esta ação é tão forte que consegue padronizar conceitos, ideias, oferecer modelos, etc.

Falando de Azazel, um personagem anunciado no manuscrito de Enoque como o líder que ficou responsável por uma ação coletiva e que corrompeu a natureza humana na época do profeta. Essa mesma ação se repete hoje. Quando vemos manifestos nos indivíduos comportamentos desumanos e crueis.

Não dá para negar que muitas sociedades vivem hoje subordinadas a certos padrões perversos de pensamentos. E multidões estão alienadas a eles sob regência de homens corruptos tomados pela perversidade.

Após considerarmos as narrativas daquilo que Enoque descreve em seu livro através das suas analogias, metáforas e parábolas. Ele nos mostra claramente a ideia de um arquétipo operante que age ainda hoje e exerce poder sobre as mentes que estão subordinadas àqueles que as dominam.

Aquilo que compõe os pensamentos e que formam uma estrutura mental, tornam os homens pervertidos em suas ações.

O processo de santidade é a proposta inicial de uma renovação mental e do resgate da alma perdida num caos profundo de sua própria ignorância. Sem a santidade será impossível resgatá-la.

No caminho da espiritualidade, há um avançar contínuo e a proposta de transpassar os vários ciclos e fases.

Nos mantermos afastados desta ação coletiva será uma árdua batalha. Por esta razão a conquista do Paraíso como um estado mental nos protege, guarda e nos blinda das influências externas. Ou do contrário será impossível concluir o propósito e seguir em frente.

É o período de suma importância a qual chamamos de santidade.

Ela exige o afastamento do mundo exterior, do coletivo influente que perverte os pensamentos. Uma experiência ameaçadora para a humanidade contida em nós próprias da essência. Enoque nos ensina sobre isto de maneira figurada.

Através da sua linguagem, não nos deixa dúvida e nos esclarece que vivemos esta realidade devastadora da humanidade a qual se extingue tornando as mentes corruptas e pervertidas. Através da perversidade, tudo que é humano vai sendo destruído dentro do ser.

E assim, a alma se perde cada vez mais num estado pervertido regido pelo imperialismo de Azazel.

A raça de gigantes que descrevo e que lutam entre si, nada mais é do que estruturas mentais geradas por esta sociedade corrupta. Elas brigam entre si para se manter no poder e dominação.

Portanto, isto nos faz ver um caminho de uma justiça divina e a santidade é uma ordenança necessária para aqueles que se dispuseram a seguir em frente no resgate de sua essência perdida.

Não há como seguir os próximos passos cujo objetivo é purificar nossos pensamentos sem entendermos o desenvolvimento do ego e a extinção da humanidade contida em nossa estrutura mental.

A santidade será a blindagem contra a ação deste coletivo.

Ao sermos tirados do Hades onde a alma estava encerrada num profundo estado de morbidez do espírito, agora enfrentará seu ego.

E só após vencê-lo, poderá a alma ascender para o próximo período na conquista de sua essência. É a vinha que produz justiça divina. Falo sobre isto no meu livro os mistérios do livro de Enoque a vinha.

Azazel é, portanto, uma constituição mental que encaminha as mentes a uma perversidade. E este padrão mental está inserido no coletivo consciente e opera influenciando carregando multidões alienadas a ele.

Não só Azazel, mas Enoque menciona outros personagens que compõem esta gama hierárquica que criam toda uma estrutura mental pervertida.

O mundo exterior está dominado por esta ação coletiva. E todos que se propõem atender ao chamado da fé precisam purificar a mente desses padrões e devem estar bem conscientes disto.

Enoque diz, para que o mundo fosse alterado em seus valores. Vemos isto claramente hoje. Valores humanos se perdem a cada dia. Uma profecia atual e verdadeira, basta olharmos para este mundo onde cada vez mais a violência aumenta junto com as injustiças.

Veja que Azazel ensinou na fabricação de espelhos e ornamentos.

Uma manifestação própria do ego que se preocupa com a sua imagem e como o mundo as observa é uma constante preocupação com a promoção pessoal, com o reconhecimento e a busca pela glória deste mundo.

Isto passa a reger a mente e passam a tornar o objetivo principal da existência.

E faz girar tudo em sua volta como um astro principal de um sistema solar que gira em torno de si mesmo. Interessante como Enoque usa dessa analogia quando narra o cenário espacial não é mesmo?

Falo mais sobre este assunto em meus outros livros: astros do céu, eles devoram tudo, etc.

Enoque é revelador quando fala do superego.

E vivemos esta profecia hoje. E o risco é iminente a todos que são chamados à santidade. Ao abandoná-las, eles irão gerar duas classes de superego, os gigantes frutos da alma carnal com o coletivo perverso.

Segredo revelado

Capítulo 59 do manuscrito

1 Então outro anjo, o qual estava comigo, me falou,

2 E mostrou-me o primeiro e o último dos segredos em cima no céu, e nas profundezas da terra:

3 Nas extremidades do céu e nas fundações dela, e no receptáculo dos céus.

4 Ele mostrou-me como seus espíritos foram divididos; como eles foram balançados e como ambas as fontes e os ventos foram contados de acordo com a força de seu espírito.

5 Ele me mostrou o poder da luz da lua, que seu poder é justo; bem como as divisões das estrelas, de acordo com seus respectivos nomes;

6 Que cada divisão é separada; que os relâmpagos iluminam;

7 Que suas tropas imediatamente obedecem e que uma cessação toma lugar durante o trovão em continuação de seu som. Não são separados o trovão e o raio; nem eles se movem com um espírito, já que eles não são separados.

8 Pois quando os raios iluminam, o trovão soa e o espírito a um próprio período faz pausa, fazendo uma igual divisão entre eles, pois o receptáculo sobre o qual seus períodos dependem é solto como a areia. Cada um deles à sua própria estação é restringido com uma rédea e virado pelo poder do espírito, que assim impele-os de acordo com a espaçosa extensão da terra.

O espírito do mar é igualmente potente e forte, e um poder tão forte que o faz penetrar; assim ele é dirigido adiante e espalha-se contra as montanhas da terra. O espírito da geada tem seu anjo; no espírito do granizo ele é um bom anjo; o espírito da neve cessa em sua força e um espírito solitário está nele, o qual ascende dele como vapor, e é chamado refrigeração.

10 O espírito da névoa também habita com eles em seu receptáculo, mas ele tem um receptáculo para si mesmo, pois seu progresso está no esplendor,

11 Na luz e na escuridão, no inverno e no verão. Seu receptáculo é brilhante, e um anjo está nele.

12 O espírito do orvalho tem seu domicílio nas extremidades do céu, em conexão com o receptáculo da chuva e seu progresso está no inverno e no verão. A nuvem produzida por ele e a nuvem do meio se tornam unidos, um dá ao outro; e quando o espírito da chuva está em movimento de seu receptáculo, anjos vêm e, abrindo seu receptáculo, o traz adiante.

13 Quando igualmente ele é borrifado sobre toda a terra ele forma uma união com todo tipo de água no chão; pois as águas ficam na

terra, porque eles fornecem nutrição para a terra desde o Altíssimo, o qual está no céu.

14 Sobre este informe, portanto há uma regulamentação na qualidade da chuva que os anjos recebem.

15 Estas coisas eu vi, todas elas, até o paraíso.

Capítulo 13

A Realidade Efêmera da Conquista Material e o Verdadeiro Galardão

Muitas pessoas dedicam suas vidas à construção de uma realidade baseada na conquista dos bens materiais e nos apegos.

Trabalham incansavelmente, investem sua energia e esforço para alcançarem um ideal de sucesso e realização.

Mas, quando a morte se aproxima, chega inevitavelmente como o crepúsculo após o dia , seus castelos de sonhos e riquezas materiais ficam para trás. Ai param para avaliar; "o que fiz da minha vida".

Tudo pelo qual tanto lutaram é deixado neste mundo: imóveis, fortunas, etc. Talvez, na melhor das hipóteses, um nome seja lembrado em uma placa de rua, num mausoléu de mármore ou uma estátua numa praça.

O apego a pessoas e objetos criam e geram medo e pânico na medida em que a morte física vai se aproximando.

Mas o que acontece após a morte e partimos para a eternidade? Que destino aguarda-os? Porque tanto se esforçaram para brilhar aqui na Terra?

A resposta, como revelam as Escrituras, é perturbadora: para muitos, o seu galardão já foi recebido em vida. Já gozaram de suas recompensas em forma de conquistas materiais e de aplausos, honrarias dos homens. Já estiveram nos pináculos do templo e no reconhecimento temporal gozaram da glória passageira do "primeiro céu" , o céu da glória dos homens.

A Glória Terrena: Como um Galardão Fútil caiu como um meteoro desfazendo-se no chão.

Serão lembrados talvez pelas próximas décadas. Logo se tornaram esquecidas e se apagaram na memória de seus entes.

Essas pessoas, movidas por essa sede de vencer a qualquer custo, frequentemente constroem suas conquistas à custa de outros. Usam de artifícios como trapaça, traição e opressão para erguer seus impérios.

O lema que os guia é "venci", mas a que custo?

Esses indivíduos, já agraciados com o reconhecimento terreno, não têm nada reservado para eles na eternidade. Seus feitos estão presos a um brilho efêmero, que murcha e se dissolve com o tempo.

O Sabat e a Jornada da Alma.

No entanto, o ciclo não termina. Existe uma sabatina, uma avaliação divina, que cada alma deverá enfrentar para continuar sua jornada. É um processo intermitente, onde cada um será examinado por suas ações e pelo estado de sua alma.

Ninguém prossegue sem aprovação, sem ser digno de continuar. Aqueles que falharam, presos às glórias terrenas, permanecem estagnados em suas conquistas passageiras.

Só os que foram refinados e aprovados pela justiça divina continuarão sua caminhada.

O Caminho da Verdade: Conhecimento e Justiça.

Não é possível avançar no plano divino sem integridade. A injustiça, seja por palavras ou ações, é intolerável diante da grandeza divina. Antes que qualquer alma possa receber conhecimento, ela deve provar-se digna, passar pela purificação necessária. O verdadeiro caminho não é o da conquista egoísta, mas o da busca da própria essência e a de Cristo.

Os Três Céus: Uma Analogia do Brilho das Almas.

As Escrituras falam de três céus, e essa analogia nos ajuda a compreender as diferentes glórias que as almas podem alcançar.

O primeiro céu é o das glórias humanas. Nele, brilham os artistas, os famosos, os que conquistam uma glória terrena, cujas obras reluzem por um momento e depois desvanecem. A fama, o prestígio e o reconhecimento podem até perpetuar e seus nomes entrarem para a história por algum tempo, mas são efêmeros e passageiros.

O cupim, a ferrugem e o esquecimento inevitavelmente os consomem e darão conta deles como uma torrente maldição.

O segundo céu estará reservado para aqueles que vivem pela fé. Embora suas obras não reluzem como as dos artistas do mundo, elas têm um brilho duradouro, sustentado pela profundidade de sua fé e devoção. Esses indivíduos se destacam pela vida de retidão e compromisso com o espiritual, deixando para trás a glória mundana.

Poucos verão seu brilho mas não estão se importando com isto. O objetivo é avançar cada vez mais.

Por fim, o terceiro céu, o mais elevado de todos, é o destino dos eleitos. Poucos alcançam essa elevação, e são mencionados nas Escrituras como os 144.000 escolhidos.

Esses eleitos, embora muitas vezes despercebidos pelos olhos humanos, brilham com uma luz que reflete diretamente a glória de Deus. Seu brilho, embora invisível ao olhar humano, é o mais puro e eterno de todos.

São eles que viram lutar contra o mundanismo e a perversidade.

A soberba será uma de suas inimigas.

A Soberba é a ruína do Homem

E ela, no entanto, é a força que impede muitos de alcançarem esses céus superiores.

Ela é alimentada pela vaidade e um veneno que distorce a mente da essência contida no coração. Foi considerada por muitos teólogos como um dos pecados capitais porque destroi a capacidade de discernir a verdade.

Nutrir a alma com as vaidades é alimentar um ego que, quanto mais cresce, mais se transforma em um inimigo perigoso, levando à própria destruição.

A Escolha Entre a Glória Efêmera e a Eterna

A decisão sobre qual galardão busca será sempre a nossa. Podemos nos prender às glórias terrenas, vivendo para buscar o reconhecimento fugaz e os aplausos dos homens. Ou podemos transcender essa ilusão e buscar o galardão eterno, reservando para nossa alma com um brilho que reflete a verdadeira essência de Cristo.

A escolha parece ser difícil em razão de vivermos num mundo influenciador, mas será crucial. Para quem deseja verdadeiramente avançar na jornada da alma, deve rejeitar as vaidades da vida ou ela nutrirá a soberba e as glórias momentâneas se tornará uma satisfação aparente.

Para alcançar uma glória muito mais sublime e eterna não há outro jeito.

Porém muitos serão vencidos pela soberba da vida.

E a vaidade foi considerada pela grande maioria dos teólogos como um dos pecados capitais.

A sua prática decapitou a cabeça pensante acerca da verdade transformando todo o território mental numa terra ilusória.

Todos que nutrem sua alma com vaidades, alimentam a soberba a qual crescerá tornando-se num gigantesco ego ameaçador e um inimigo destruidor dos valores divinos contidos na essência.

A soberba é como um veneno sutil, alimenta-se de uma fonte insidiosa: a vaidade. Ela é mais do que uma simples exaltação do ego; é a raiz que corrompe a percepção da verdade.

E quando a alma se entrega à ela perde a capacidade de discernir o que é real do fictício transformando a mente em um território ilusório, onde o falso brilho do ego toma o lugar da sabedoria.

Nutrir a alma com vaidades é como alimentar um monstro invisível. A cada ato de auto engrandecimento, a soberba cresce, inflando o ego até torná-lo um gigante ameaçador. Esse ego, inchado e descontrolado, não apenas se torna o centro da existência do indivíduo, mas também seu maior inimigo.

Ele obscurece a visão da verdade, distorce o julgamento e, eventualmente, leva à autodestruição.

A soberba, que no início pode parecer uma simples exaltação de qualidades, evolui para algo muito mais perigoso: ela consome o ser, obscurecendo cada vez mais o brilho da essência e vai criando uma verdadeira barreira entre a alma e a verdade divina.

Quanto mais a pessoa se entrega à vaidade, mais se afasta de sua própria essência espiritual, ficando à mercê de uma ilusão criada por sua própria mente.

A queda final daqueles que se rendem à soberba é inevitável. O ego inflado, agora incapaz de reconhecer sua própria vulnerabilidade, colapsa sobre si mesmo, deixando para trás um vazio. Desse modo, a soberba não apenas destroi a conexão com o divino, mas também devora o próprio ser, consumindo tudo que antes tinha valor.

Capítulo 14

caos mental

O Caos como Princípio de Tudo: O Estado Caótico da Alma na Busca por Consciência

O caos em quase todas as culturas mitológicas é o princípio de tudo.

Frequentemente visto como desordem e confusão, é paradoxalmente o ponto de partida para toda atividade mental e o despertar da consciência que deseja evoluir.

Antes que a alma alcance clareza e entendimento e comece o processo de ascendência, ela deve atravessar um estado de caos. Um ambiente mental onde tudo é incerto, instável e desorientador.

A mente neste estado caótico ignora seu próprio ser e estará sujeito às trevas exteriores.

O que é uma Situação Caótica?

Uma situação caótica é aquela marcada pela falta de ordem: confusa, desgovernada, bagunçada, desalinhada, anárquica.

Assemelha-se ao cenário descrito pela antiga mitologia de Babel, onde línguas se misturavam e ninguém se compreendia. É uma tempestade de pensamentos e emoções onde nada parece estar no lugar. Agora, imagine a mente nesse estado caótico – incapaz de encontrar direção, sem discernimento entre certo e errado, envolta em desordem e desorientação. Ela certamente vagará de um lado para o outro sem encontrar a verdadeira conexão interior.

Este será o cenário inicial de uma alma no caos. A mente, quando mergulhada nesse estado, luta para encontrar seu norte. É como um navio sem bússola, à deriva em um mar de confusão. No entanto, é justamente neste caos primordial que reside a oportunidade para a criação de algo novo, a busca da consciência de si mesmo.

A ordem só poderá ser encontrada ao se atravessar o caos, passarmos pela porta da compreensão, e para isso, as vaidades dos pensamentos e ilusões devem ser sacrificadas.

O Simbolismo da Serpente: A Primeira Consciência

No imaginário simbólico, a serpente representa o início da busca pela consciência. Ela é a figura arquetípica do primeiro estado de despertar, mas esse despertar começa na ignorância ou, mais precisamente, na inocência, que é a falta de consciência plena.

Assim como a serpente se move de forma sinuosa, rastejando de um lado para o outro, a alma que busca a consciência também percorre um caminho tortuoso.

Este percurso não é linear; ele alterna entre o bem e o mal, a esquerda e a direita entre a luz e as trevas, entre a ordem e o caos.

A alma, ao trilhar este caminho, experimenta os extremos da dualidade, navegando pelos opostos que constituem a natureza da existência.

A língua bifurcada da serpente simboliza essa constante dualidade e o balançar entre os pólos do bem e do mal, do certo e do errado.

Não há crescimento sem confronto com os opostos. Além disso, a serpente, ao trocar de pele, nos ensina sobre os ciclos inevitáveis de transformação. Cada fase da vida exige uma mudança, um renascimento, um deixar para trás o velho e abraçar o novo que ressurge.

Os Ciclos da Consciência: A Ascensão Através do Caos

A busca pela consciência é cíclica. Cada etapa da vida traz consigo um novo desafio, a ignorância a ser superada progressivamente. Assim a alma passa por várias fases, e cada uma delas traz um conteúdo essencial para o desenvolvimento do ser. O caos que marca o início desse ciclo é necessário para que a alma se transforme e avance para o próximo estágio. O território sagrado da consciência de si mesmo.

Ao deixar o caos a alma avança em consciência.

É no caos que as ilusões se manifestam, e a alma precisa encontrar a porta e sair do hades e seguir para o verdadeiro conhecimento.

Como no ato de forjar o ferro, onde o metal deve ser aquecido e moldado no fogo, o indivíduo deve passar pelas dores do caos para emergir mais forte e purificar a consciência.

Só após atravessar o caos, a alma poderá vislumbrar a ordem divina, reconhecendo sua verdadeira natureza e entender seu papel no universo.

A Necessidade do Sacrifício

O sacrifício das vaidades e ilusões é essencial para dar seguimento a ordem.

O sacrifício exige renúncia.

E a alma permanece aprisionada na confusão e nas trevas de sua própria ignorância deve lutar pela sua consciência.

E isso só se tornará possível mediante a mente alcançar a luz.

Ela deve primeiro desapegar-se das distrações e futilidades que a prendem ao mundo material. O caminho sinuoso da serpente, a alternância entre o bem e o mal, é apenas uma fase transitória, necessária para que a alma aprenda a discernir e escolher entre o bem e o mal.

A mente precisa de elementos para julgar entre o certo e o errado. Só assim poderá optar e escolher.

O caos não é apenas desordem, mas uma oportunidade de transformação. Ele é o ponto de partida de toda busca pela consciência. A alma, inicialmente mergulhada na confusão, aos poucos aprende a discernir e a encontrar seu caminho.

E em cada ciclo que atravessa, ela se purificará, renovando sua maneira de pensar.

Isto a aproxima de seu propósito maior. Assim como na metáfora da serpente que muda de pele, a alma também deve passar por transformações constantes, abandonando velhos padrões e abraçando novas verdades, até finalmente alcançar a plena consciência e a ordem que tanto busca.

Capítulo 15

As seis realidades que antecedem o arrebatamento prefigurado em Enoque

Os primeiros ciclos até que o arrebatamento dos pensamentos aconteça

Não daria para abordar toda a jornada de ciclos que estão a frente do caminho da justiça.

Neste meu livro falaremos dos sete primeiros ciclos e os protocolos a serem cumpridos em cada um deles até que se alcance o arrebatamento anunciado por Enoque.

Adão, Seth, Enos, Cainã, Maalalel, Jarede e por fim Enoque.

Cada um desses configuram uma realidade e protocolos a serem cumpridos.

Adão a natureza está caída no caos.

Seth o caminho apontado é o encontro com a porta estreita.

Enos a renúncia necessária das vaidades anteriores.

Cainã a tribulação sofrida em decorrência da renúncia.

Maalalel o consolo aos que estão no caminho e sofrem em razão da escolha.

Jarede a descida ao sistema caótico sem no entanto se contaminar com ele.

Enoque o arrebatamento dos pensamentos.

A forma pela qual estou estruturei os ciclos e os protocolos ao longo da jornada. No meu livro abordarei cada fase ou período em uma visão mais detalhada e profunda.

A simbólica evolução espiritual segue uma jornada e a progressão de Adão até Enoque reflete uma transformação gradual da mente, onde cada personagem representa um estágio do desenvolvimento interno mental, culminando no arrebatamento cujo objetivo é conhecer toda a jornada nessa ascensão a um estado elevado de consciência cujo objetivo maior é o Paraíso.

Vou abordar cada um desses estágios em detalhes, explorando como os protocolos de cada ciclo se manifestam na vida e no progresso espiritual?

No início da jornada espiritual descrita no livro, Adão representa o ponto de partida, onde a natureza caída da humanidade é exposta e lançada ao caos.

Este primeiro ciclo onde reflete a realidade de nossa separação da essência original, do estado puro e nos remete às imersas ilusões e vaidades.

O protocolo de Adão é o reconhecimento dessa condição, o primeiro passo para avançar na trajetória de retorno.

Sem a compreensão da queda, não há como traçar o caminho de volta.

Seth, o segundo ciclo, surge como a primeira porta aberta. Ele não é apenas o filho de Adão, mas a manifestação de um caminho apontado.

Nesse estágio, a alma é conduzida a um novo entendimento, e o protocolo aqui é acertar essa porta e se esforçar para atravessá-la.

Após, a chave é a renúncia ao passado, à vaidade, àquilo que nos prende ao fictício.

Tudo se torna novidade, e o caminhar é orientado pela busca de uma verdade mais profunda.

O ciclo de Enos traz a renúncia como o ponto central. A realidade desse ciclo é marcada pelo abandono das amarras anteriores.

Aqui, o protocolo exige que se deixe para trás tudo o que está fora da essência. A renúncia não é um simples desapego, mas uma reconfiguração interna.

A dor desse processo é profunda, mas necessária, pois é o preparo para os ciclos subsequentes.

Cainã, o próximo ciclo, introduz a tribulação. Após a renúncia, vem a prova, o teste da convicção.

As tribulações se intensificam, mas são elas que refinam o espírito. A realidade desse ciclo é a confrontação com as dificuldades, onde as adversidades purificam e forçam o espírito a fortalecer sua conexão com a verdade.

O protocolo de Cainã é suportar e perseverar. A renúncia traz dores, incompreensões, difamação e críticas por aqueles que ficaram para trás.

Maalalel surge como um raio de esperança em meio à tormenta opositora.

O ciclo do consolo é a resposta às tribulações. Quanto maior a renúncia e a dor, maior será o consolo oferecido. Este ciclo revela o ministério da Consolação, o Espírito que dá força e alívio em meio às provações. O protocolo aqui é abrir-se para o consolo, recebê-lo com gratidão e permitir que ele nos transforme e nos ajude.

Se assemelha muito às tribulações apocalípticas.

No ciclo de Jared, a realidade é a descida. Este é o momento de impacto em que se aprofunda no mistério da jornada.

A descida não é uma queda, mas uma imersão consciente nas profundezas da alma e da verdade.

É o ciclo em que a alma se confronta com os aspectos mais ocultos de sua natureza. O protocolo é descer com confiança, sabendo que essa imersão é necessária para alcançar a próxima fase.

Finalmente, chegamos ao ciclo de Enoque, o arrebatamento. Aqui, a jornada atinge seu ápice. Enoque não passa pela morte; ele é transladado, elevado a um estado de consciência superior.

Esse arrebatamento é o resultado final da busca, onde a alma alcança um estado de comunhão plena com a essência. O protocolo de Enoque é manter-se puro, fiel ao propósito, para ser conduzido a esse estado cada vez mais elevado.

Cada ciclo, com seus protocolos, traça uma rota de retorno à essência. A progressão de Adão até Enoque é um reflexo da transformação interna, uma jornada que revela as profundezas da alma e suas várias etapas de purificação, até que se atinja o estado de arrebatamento e elevação espiritual.

Capítulo 16

o conceito sobre o arrebatamento

O Conceito do Arrebatamento

O arrebatamento é um dos conceitos mais misteriosos e discutidos dentro da tradição cristã, especialmente nas teologias que lidam com a escatologia, o estudo das coisas finais e do fim dos tempos.

É frequentemente entendido como o momento em que os justos, tanto vivos quanto mortos, serão tomados subitamente da Terra para se encontrar com Deus nos céus.

As interpretações acerca do assunto são motivo para especulações e são diversas.

E essa retirada milagrosa e inesperada, como um fenômeno divino, inaugura o início de um novo tempo na história da criação, um tempo de transição entre a vida como a conhecemos e o desdobramento dos eventos que precedem o Juízo Final.

A Origem do Conceito.

O conceito do arrebatamento é extraído principalmente de passagens do Novo Testamento, sendo uma das mais citadas a de 1 Tessalonicenses 4:16-17, onde o apóstolo Paulo escreve:

"Porque o Senhor mesmo descerá do céu com grande brado, à voz do arcanjo e ao som da trombeta de Deus; e os que morreram em Cristo ressuscitarão primeiro. Depois, nós, os vivos, que ficarmos, seremos arrebatados juntamente com eles nas nuvens, para o encontro do Senhor nos ares; e assim estaremos para sempre com o Senhor."

Essa passagem é central para a compreensão de que haverá um momento em que os fieis serão retirados do mundo terreno para serem reunidos com Cristo.

Aqui, o arrebatamento é tanto uma promessa de salvação quanto um ato de separação entre os que seguem a Cristo e os que permanecem presos ao mundo e suas corrupções.

A verdadeira natureza espiritual do Arrebatamento.

O arrebatamento, mais do que um fenômeno físico, também carrega um profundo significado espiritual. Ele representa o culminar da jornada da alma, que ao longo de suas experiências de vida e o processo de busca da unidade com o divino.

Essa ascensão repentina dos justos pode ser vista como a representação simbólica da elevação da alma, que ao atingir a consciência plena de Deus, é liberada das restrições da matéria e da temporalidade.

A vida é constituída de ciclos e fases. Durante toda nossa existência já passamos por muitas delas. Já fomos bebês, crianças, jovens e adultos até que alguns alcançaram a velhice.

Na espiritualidade ocorre algo semelhante. Porém o processo é inverso.

Não importa a idade que temos, a graça nos leva a um rejuvenescimento. Isto é; voltamos a essência e a natureza inicial.

A alma, ao longo de suas muitas realidades e existências, experimenta desafios, tentações, quedas e ascensões. O arrebatamento seria o ponto final dessa busca, onde a alma, finalmente vai purificando e se tornando mais consciente da sua natureza. Ele vai se tornando cada vez mais digno de ser levado para as esferas celestiais.

Essa ascensão é tanto um ato de graça quanto uma resposta ao esforço espiritual e à devoção ao longo de muitas vidas. É uma graça dada a todas que na insatisfação buscam de todo coração a verdade.

A Dualidade do Arrebatamento: Separação e Unidade.

O arrebatamento também carrega em si uma dualidade intrínseca: é um evento de separação e, ao mesmo tempo, de unidade. Separação porque os que são tomados para o céu são retirados da realidade terrestre, dos dilemas e da corrupção moral do mundo.

A Bíblia frequentemente fala de dois que estarão trabalhando lado a lado, e um será levado, enquanto o outro ficará (Lucas 17:34-36).

Essa separação é o julgamento divino, onde os corações são pesados e apenas aqueles que seguem o caminho de retidão são reunidos ao Criador.

Por outro lado, é um evento de unidade espiritual. Os arrebatados, se encontram finalmente com Cristo, formando um único corpo espiritual. Esta elevação visa potencializar a alma cobrindo-a com a verdade. Isto as prepara para a guerra contra o mundanismo e a iniquidade.

É a concretização do que Paulo chamou de "a gloriosa liberdade dos filhos de Deus" (Romanos 8:21), onde todos se tornam parte de um todo divino, unidos à essência do Criador. Essa unidade é o estado final de comunhão plena com Deus, onde não há mais dor, separação ou morte, mas somente a eternidade compartilhada com Ele.

Essa dor não estaria falando do aspecto físico, mas da dor sentida pela alma que a experimenta em razão do próprio afastamento de sua essência.

O Tempo do Arrebatamento: Mistério e Expectativa

Embora o arrebatamento seja uma promessa central, o momento exato de sua ocorrência permanece um mistério.

Em Mateus 24:36, Jesus adverte que "daquele dia e hora ninguém sabe, nem os anjos do céu, nem o Filho, mas unicamente o Pai." Esse mistério é parte integral da própria natureza do arrebatamento, pois requer dos fieis uma vida de constante vigilância e preparação espiritual.

Essa incerteza sobre o tempo exato não é um convite ao medo, mas uma chamada ao despertar espiritual. A qualquer momento, os eventos finais podem se desencadear, e a alma deve estar pronta.

Isso significa viver uma vida de retidão, em comunhão com Deus, constantemente elevando a consciência e não se apegando ao mundo material.

Outro fato que acredito, o arrebatamento será uma experiência pessoal e não coletiva.

Ele estará presente a cada indivíduo quando for alcançado no momento certo.

O Impacto no Mundo: A Tribulação.

Esse mundo também será pessoal e restrito.

O mundo construído na mente cheia de corrupção será abalada pela verdade que se manifestará.

Uma das implicações do arrebatamento é o início de um período de grande tribulação na Terra. Segundo algumas interpretações, aqueles que forem deixados para trás enfrentarão um tempo de caos, sofrimento e purificação.

Esse período de tribulação é o estágio em que as forças do mal terão maior liberdade de ação, desafiando o indivíduo colocando dúvidas e questionamentos.

Um teste final para uma fé que acreditou na proposta de uma renovação mental.

Os que permanecerem após o arrebatamento, contudo, ainda terão a chance de se arrepender e buscar a misericórdia divina.

O arrebatamento, então, não é apenas um fim, mas também um início: o início da purificação do ambiente mental e a preparação para viver o caminho para o retorno final à sua essência interior.

Em um nível mais profundo, o arrebatamento pode ser entendido como um símbolo da jornada espiritual da alma em sua busca por iluminação interior da essência e a unidade com o divino e sua natureza.

Assim como os justos serão elevados ao céu, a alma humana, através do arrependimento, do autoconhecimento e da devoção, é gradualmente elevada das realidades inferiores da matéria para os planos superiores do espírito.

Cada vida, cada experiência, cada desafio enfrentado pela alma é uma preparação para esse momento crucial de ascensão.

O arrebatamento final, portanto, é o reflexo de uma verdade interna exposta: a de que a alma que segue o caminho da verdade e da luz sempre será chamada para os céus, libertada da prisão do corpo e do mundo.

O arrebatamento, como conceito, é tanto um evento escatológico quanto uma metáfora para a ascensão espiritual que cada alma deve trilhar em sua busca por Deus interior.

Seja visto como um evento literal ou simbólico, ele carrega uma mensagem poderosa sobre a importância da vigilância espiritual, da retidão e da busca incessante pela verdade.

A promessa do arrebatamento é a promessa da união final com Deus interior, onde todo o sofrimento é deixado para trás e a alma encontra a paz eterna na presença do Criador.

Capítulo 17

Temos uma linha do tempo que revela a nossa realidade

Será que aquilo que estamos vivendo é uma realidade mesmo? Ou estamos vivendo em um mundo de ilusões?

A grande maioria constroem um mundo delas, provenientes da mente influenciada pela corrupção. E aquilo que iludem não é real mas fictício e engana a alma que tem um compromisso de aliança com a essência.

Em razão desta ilusão, ela rompe a aliança com seu interior e concebe um deus mental e passa a ser regido por ele.

O Livro de Enoque, especialmente no capítulo 6, oferece uma visão sobre o ciclo da existência humana e a separação entre os justos e os pecadores, que é apresentada como parte de uma linha do tempo espiritual.

Essa passagem reflete a realidade da obediência divina e das consequências que acompanham tanto a justiça quanto o desvio da vontade de Deus manifesto na essência.

O texto transmite uma mensagem de contraste entre aqueles que seguem os mandamentos divinos em comparação aos que transgridem, destacando como essas escolhas moldam a experiência de vida e a eternidade.

Os mandamentos focam a essência enquanto a mente ao exterior.

Temos uma linha do tempo pessoal revelada. Isto está claro neste texto:

Obediência da Criação:

O texto inicia com a observação da harmonia da natureza. As árvores, mares e rios cumprem seus ciclos de forma perfeita, demonstrando a obediência total à vontade de Deus. Isso simboliza a perfeição da criação em suas operações cíclicas e constantes, obedecendo à ordem divina sem falhas. Aqui, a natureza é vista como uma revelação da constância e sabedoria de Deus, sendo um espelho de sua vontade.

A harmônica relação entre a alma e a essência.

A desobediência humana:

Em contraste com a obediência da criação, o homem é retratado como impaciente e resistente aos mandamentos do Senhor. Essa resistência não só demonstra a desobediência humana, mas também a rejeição da sabedoria divina contida na essência.

A referência sobre o "murcho de coração" indica um estado espiritual degradado, onde o afastamento da obediência a Deus resulta em uma vida amaldiçoada, sem paz e marcada por angústia.

Condenação dos pecadores:

Para aqueles que persistem na desobediência, há uma previsão de dias amaldiçoados e uma ausência da misericórdia divina.

Os pecadores viverão sob maldição perpétua, tanto de si mesmos quanto daqueles que seguem a retidão. Essa condenação não é apenas física, mas espiritual e eterna, abrangendo uma vida marcada por tormentos, indignação e a ausência de paz. Essa parte da linha do tempo destaca o efeito a longo prazo das transgressões e do orgulho.

A promessa aos eleitos:

Em contraste, os eleitos, aqueles que seguem os mandamentos de Deus com humildade e justiça, serão agraciados com luz, alegria e paz. Eles herdarão a terra e viverão vidas cheias de sabedoria e prudência. Não haverá condenação em suas vidas, e seus dias serão completos, em paz e alegria.

O destino dos eleitos é de felicidade eterna, contrastando diretamente com o destino dos pecadores. A vida dos justos será longa e cheia de bênçãos, não apenas nesta vida, mas também na eternidade.

Culminação da sabedoria e da felicidade eterna:

A linha do tempo finaliza com a visão de um futuro em que os eleitos, vivendo em humildade, desfrutarão de uma sabedoria que os preservará da repetição dos erros do passado. A soma de seus dias será de felicidade e alegria eternas, com paz sendo um componente central da existência. Esse estágio final da realidade humana é uma promessa de uma paz perpétua e de uma existência abençoada na presença de Deus, completando a jornada dos justos.

Essa linha do tempo apresentada no Livro de Enoque destaca a dualidade da experiência humana: o caminho dos justos e o dos pecadores. Enquanto a natureza reflete a ordem e a harmonia divina, a humanidade é chamada a escolher seu destino.

Os eleitos, aqueles que obedecem à vontade de Deus, herdarão a terra e viverão em paz e felicidade, enquanto os que rejeitam a sabedoria divina enfrentarão tormento e maldição. A trajetória da alma é, portanto, uma jornada de escolha entre luz e trevas, entre obediência e transgressão.

No grande contexto da busca pela consciência, o Livro de Enoque nos lembra que essa busca deve ser alinhada com a sabedoria divina, sendo a humildade e a justiça os alicerces para uma existência plena e eterna.

Livro de Enoque Capítulo 6

1 Eles consideram como as árvores, quando elas dão suas folhas verdes, cobrem-se e produzem frutos; entendendo tudo, e sabendo que Ele, o qual vive para sempre, faz todas estas coisas por causa de vós:

2 Que as obras desde o princípio de todo ano existente, que todas as suas obras são obedientes a Ele e invariáveis; assim como Deus determinou, assim todas as coisas acontecem.

3 Eles vêem também como os mares e os rios juntos completam suas respectivas operações:

4 Mas tu resistes impacientemente, não cumpres os mandamentos do Senhor, mas transgrides e calúnias a Sua grandiosidade; e malditas são as palavras em tua boca poluída contra Sua majestade.

5 Tu, murcho de coração, a paz não estará contigo!

6 Portanto, teus dias te amaldiçoarão, e os anos de tua vida perecerão; execração perpétua se multiplicará, e não obterás misericórdia.

7 Nestes dias tu resignas tua paz com a eterna maldição de todos os justos, e os pecadores perpetuamente te execrarão;

8 Eles te execrarão com tudo o que não é divino.

9 Os eleitos possuirão luz, alegria e paz; e herdarão a terra.

10 Mas tu, que não és santo, serás amaldiçoado.

11 Então a sabedoria será dada aos eleitos, todos os que viverão, e não transgrediram por impiedade ou orgulho, mas humilhar-se-ão, processando prudência, e não repetirão transgressão.

12 **Eles não condenarão todo o período das suas vidas**, não morrerão em tormento e indignação; mas a soma dos seus dias se completará, e envelhecerão em paz; enquanto os anos de sua

felicidade se multiplicarão em alegria, e com paz, para sempre, em toda a duração de sua existência.

Capítulo 18

As muitas realidades

Intermitente é um adjetivo de dois gêneros proveniente do latim intermitente. Dizer que algo é intermitente significa dizer que essa coisa cessa e recomeça por intervalos, que se manifesta com intermitências, que não é contínua, que tem interrupções.

Assim será nossa jornada em direção ao nosso interior. Algo intermitente.

Quando deixamos de viver as vaidades, passamos a VIVER AS REALIDADES, essas realidades estarão marcando nossa linha do tempo progressivamente.

Seria como uma escada evolutiva comparada alegoricamente como um DNA. Onde cada degrau será um estágio cada vez mais elevado na medida que sobe em consciência.

No caminho da alma em busca da consciência de si mesmo, seremos confrontados por inúmeras realidades, cada uma servindo como uma etapa de aprendizado e evolução.

Essas realidades são como diferentes camadas de experiência, cada uma trazendo à tona novos desafios, novas verdades e, inevitavelmente, novas ilusões a serem superadas. E estabelecerá a nova realidade a qual nos devemos ajustar.

Seria como um recomeço onde acrescentaríamos novos valores.

A jornada começa na realidade da inocência, muitas vezes chamada de Realidade Adâmica. Nesse estado primordial, a alma está envolvida em uma pureza infantil e também em uma ignorância profunda.

Não há conhecimento da justiça, da verdade ou do juízo.

É um estado de simplicidade em que a alma ainda não compreende seu papel no universo.

No entanto, o desejo por conhecimento começa a emergir, trazendo com ele o anseio de escapar desse estado de inocência e buscar consciência.

Ao tomar esta iniciativa, ao longo dessa busca, a alma se depara com o engano do conhecimento, com as ilusões das vaidades e superficialmente representado simbolicamente pela serpente no Jardim do Éden.

Nesse estágio, a alma, impulsionada por seu desejo de saber, muitas vezes confunde o conhecimento com sabedoria.

A ingenuidade está ausente da malícia e não consegue discernir os perigos do falso conhecimento. Ela busca verdades aparentes, mas não compreende que há uma diferença entre o conhecimento que nutre a consciência e aquele que a confunde. Aqui, surge a realidade do caos, onde a mente se enche de crenças ilusórias, arquétipos distorcidos e verdades parciais. Deuses, semi deuses e titãs imaginários nascem do fundo da ignorância, criando um cenário de opressão e conflito interno.

Nessa fase, o caos mental provoca uma crise de identidade. A alma se perde entre o que ela acredita ser e o que ela realmente é. Ao buscar fora de si mesma, através de obras, da força ou de regras impostas pela sociedade, ela começa a perder o contato com sua essência verdadeira. Surgem então as realidades da autojustificação, onde o ego tenta criar uma moralidade própria, justificada por suas ações e conquistas. A busca pela perfeição se torna uma obsessão, e a alma se vê presa na criação de uma falsa imagem de si, cada vez mais afastada da verdade.

Com o tempo, a alma começa a experimentar a realidade do fracasso e da desilusão. As tentativas de alcançar a perfeição fracassam, e o ego se vê confrontado pela dura verdade de que não pode tudo, de que errar faz parte da condição humana. Esse estágio, embora doloroso, é crucial. É nele que a alma começa a perceber a futilidade de suas tentativas de ser um deus em seu próprio mundo. O fracasso é a porta de entrada para a realidade da humildade, onde a alma, finalmente, aceita suas limitações e reconhece a necessidade de uma força maior.

É nesse ponto que a alma é convidada a abraçar a realidade da graça, uma das mais profundas e transformadoras de sua jornada. A alma, exausta de suas lutas, descobre que a verdadeira consciência não pode ser alcançada pelo esforço, pela perfeição ou pela força de vontade. Ela entende que o conhecimento que eleva vem da entrega à luz divina, que flui através da graça de Cristo. A alma, então, começa a se alinhar com a verdade crística, deixando para trás os fardos da autojustificação e abraçando a simplicidade do ser.

Mas a jornada não termina aqui. Após a realidade da graça, há outras camadas a serem exploradas. A alma agora se confronta com a realidade do equilíbrio, onde aprende a viver em harmonia com suas limitações e suas capacidades. Ela aprende que ser humano é ter fraquezas, é errar, e que isso não diminui seu valor. Aqui, a alma começa a integrar as lições de todas as realidades anteriores, encontrando paz em ser quem é, sem a necessidade de mascarar suas imperfeições.

Ao longo da vida, a alma pode revisitar essas realidades, cada vez de uma perspectiva mais elevada. As realidades de aprendizado e crescimento são cíclicas, mas a cada volta a alma se aproxima mais de uma consciência pura e elevada. Cada realidade atravessada, seja de caos, de engano, de humildade ou de graça, contribui para a construção de uma consciência mais plena, mais conectada com a verdade divina.

Em última instância, a busca pela consciência é um retorno à nossa essência original, mas agora com uma compreensão profunda das ilusões e dos desafios que fazem parte da existência. A alma, ao transitar por essas realidades, aprende que o verdadeiro conhecimento não está fora, mas dentro, e que a luz da consciência brilha mais forte quando aceitamos nossa humanidade em sua totalidade, reconhecendo, enfim, que ser humano é ser divino em sua forma mais pura.

Capítulo 19

Realidade Adâmica

Realidade Adâmica

Realidade em Adão

A realidade Adâmica é o ponto de partida para a jornada da alma em busca de retorno à essência.

Neste estágio inicial, a alma está imersa na natureza caída do caos, um resultado da desconexão com o Criador e da entrega às vaidades do mundo.

Adão simboliza a condição humana em sua fragilidade, marcada pelo afastamento do propósito divino e pela dependência dos elementos externos que moldam seu caráter e comportamento.

A Queda e Suas Consequências

A realidade Adâmica é definida pela perda da inocência e pela entrada no caos mental, um estado de confusão em que a mente é regida por padrões ilusórios, vaidades e desejos desordenados.

Esse caos é fruto do rompimento com o Criador, que levou Adão e seus descendentes a uma existência de dor, trabalho árduo e alienação espiritual.

A soberba, a ignorância e a busca incessante por suprir necessidades físicas e emocionais são marcas desse ciclo.

A queda de Adão não é apenas um evento histórico ou mítico; ela representa um estado contínuo em que a humanidade se encontra ao ignorar o chamado da essência interior.

A realidade Adâmica nos coloca em confronto direto com nossa natureza mais baixa, revelando a necessidade de transformação.

O Ciclo da Natureza Caída

O ciclo de Adão é o início de um processo de purificação e realinhamento. Neste estágio, os protocolos consistem em reconhecer a própria condição e começar a despertar para a necessidade de algo além.

A alma deve aceitar sua fragilidade e seu estado caótico como um ponto de partida, pois somente através dessa consciência é possível iniciar o caminho de retorno.

Reconhecimento da Condição Caída:

O primeiro protocolo de Adão é reconhecer sua situação de afastamento. Isso envolve admitir que os valores terrenos, as conquistas materiais e os prazeres momentâneos não satisfazem a necessidade mais profunda da alma: a reconexão com a essência.

O Confronto com a Vaidade:

Adão está preso à ilusão da vaidade, que cria uma falsa identidade baseada no exterior. Para avançar, é necessário identificar essas ilusões e começar o processo de renúncia, entendendo que elas não definem quem somos.

A Busca pela Redenção:

A realidade Adâmica exige uma busca incessante por redenção, que se inicia com um clamor interior e a aceitação de que a solução não está na força humana, mas na Graça Divina.

Os Desafios da Realidade Adâmica

O maior desafio deste ciclo é superar a identificação com o eu carnal. Adão representa a alma presa aos desejos da carne e ao domínio dos sentidos.

As tentações e influências externas tornam difícil ouvir a voz da essência, que chama para o retorno.

Outro desafio é a resistência à mudança. A natureza caída se apega ao conhecido, mesmo quando este é fonte de sofrimento. O medo de perder o controle e a insegurança sobre o que está por vir dificultam o avanço para os próximos ciclos.

A Esperança no Caminho de Retorno

Apesar de estar imersa na natureza caída, a realidade Adâmica contém em si uma promessa: a semente da redenção.

Adão, embora caído, é o início de um plano maior. É nele que o ciclo começa, mas também é através dele que se estabelece a linhagem pela qual virá a restauração.

A esperança em Adão está na possibilidade de reconhecer a queda como uma oportunidade de crescimento. É no caos mental e na desordem que a alma começa a perceber a necessidade de algo maior, despertando para o chamado de Seth, o próximo ciclo.

Concluo que, a realidade em Adão é o estado de transição entre a alienação e o despertar. Reconhecer e aceitar a natureza caída é o primeiro passo para trilhar o caminho da transformação. Nesse ciclo, aprendemos que o caos não é o fim, mas o começo de uma jornada espiritual que nos levará de volta à essência.

O protocolo da realidade Adâmica é simples, mas desafiador: reconhecer, aceitar e despertar. Ao cumprir este protocolo, a alma está preparada para abrir a primeira porta e iniciar o ciclo de Seth, onde começa a verdadeira caminhada de retorno ao Criador.

Neste ciclo seremos ignorantes de si mesmo.

Esse mergulho no abismo da ignorância é o que nos expulsa do estado de inocência. Ao tentar, de maneira incoerente, alcançar a consciência através de nossas próprias obras, causaram a morte espiritual daquilo que somos na essência.

Essa morte não acontece de forma imediata, mas é um processo gradual que nos conduz a uma escuridão profunda.

Ao buscar conhecimento e consciência por meio das obras e não pela fé na luz de Cristo, nos condenamos às consequências desastrosas de vivermos enclausurados na nossa própria ignorância.

Há, então, duas maneiras de buscar a consciência:

A primeira é através de um esforço humano, de uma busca incessante por conhecimento baseado em nossas obras e habilidades. No entanto, esta via tende a nos enganar, pois confia unicamente em sua própria força.

A segunda é nos entregarmos à graça de Cristo, permitindo que ela nos conduza à consciência.

Esta é uma consciência crística, imaculada e verdadeira, que não pode ser confundida pelas ilusões do mundo. Aqui, o conhecimento fluirá da graça e não de nossos esforços individuais.

A estrutura mental baseada apenas em nossa própria obra cria um mundo arquetípico corrompido, onde deuses, semi deuses e titãs serão frutos.

Esse será o resultado de uma mente distorcida e uma consciência enredada e presa no caos.

A opressão, a transgressão e a imaginação se alimentam do caos e constroem uma escuridão densa na alma, levando-a à corrupção.

A mente, colapsada, gera padrões e arquétipos bizarros que passam a governar a vida, transformando-nos em seres estranhos a nós mesmos, em criaturas bizarras e grotescas. Perdemos o padrão de humanidade que deveria ser desenvolvido extraído da essência original.

E neste processo de corrupção, a alma, desconectada de sua essência divina, se torna governada por deuses interiores que reinam sobre aspectos corrompidos do ser.

Tudo isso se transforma em uma autojustificação, um senso de justiça própria que, em vez de libertar, aprisiona.

Segundo a mitologia grega, do Caos surge Gaia, Erebos, Nix, Eros e Tártaros.

Uma simbologia de uma mente no caos mental os quais darão origem a esses deuses que se desenvolveram em toda sua árvore genealógica até atingir o extremo do monte Olimpo onde o limite acaba numa extrema corrupção dos valores humanos.

Dessa forma, nossa realidade Adâmica, ou seja, nosso primeiro degrau na evolução do DNA espiritual, se manifesta como o estado inicial na busca pela consciência, porém se perderá no caos.

Todos passarão por esse processo em algum momento de suas vidas espirituais. É a partir desse estado que nos desviamos da verdadeira humanidade contida na essência e nos tornaremos seres forjados pelo caos.

Ser um humano em sua verdadeira essência, significa aceitar nossas limitações, nossos erros e fracassos. Cristo nos ensina a renunciar à ideia de que devemos ser deuses perfeitos. Ele nos liberta do peso do ego, da autojustificação e da pressão para sermos fortes e invencíveis em todas as áreas da vida.

O mundo secular quer em oposição, nos transforma em deuses, seja por intermédio da beleza, da força, da inteligência, ou tantos outros meios.

Mas Cristo nos chama de volta ao resgate de nossa humanidade. Nos levar a reconhecer nossas fraquezas, aceitar nossas limitações e abraçar nossa condição humana.

Esses são os primeiros passos para nos elevarmos em consciência. Somente assim poderemos alcançar a verdadeira maturidade espiritual e a elevação a uma transcendência.

E agora como filhos de Deus, gerados pelo Espírito de Cristo teremos a mesma natureza a qual nos foi tirada.

Para isso, é necessário desfazer o endeusamento do ego e abandonar as ilusões.

Na mitologia, Hércules era filho de uma humana com Zeus, o maior deus do Olimpo. Precisou passar por doze trabalhos para resgatar sua humanidade e deixar de ser um semideus a se tornar um humano.

A sociedade atual nos impõe um jugo pesado, onde não há espaço para fraquezas ou fracassos, onde todos devem ser super-herois.

Mas Cristo nos convida a deixar esses fardos de lado e ter a nossa humanidade de volta. Mas primeiro os gigantes precisam ser destruídos.

Em última análise, a verdadeira liberdade está em reconhecer que somos humanos, que erramos, que temos limitações e estamos sujeitos ao egocentrismo.

Só assim poderemos dar os primeiros passos e nos libertar das ilusões e da escuridão que deixam obscurecido a consciência alinhando-a com a corrupção.

Somente com a luz de Cristo podemos alcançar uma consciência de si mesmo, pura e elevada, livre das ilusões que o mundo nos sugerem.

Ser humano é reconhecer que não podemos tudo, e isso é suficiente para caminhar.

Na mitologia grega, Cronos é uma figura que simboliza o tempo e o poder descontrolado. Ele é conhecido como o Titã que devorou seus próprios filhos, temendo ser destronado por um deles, como havia profetizado. Esse ato de devorar os filhos pode ser visto como uma metáfora poderosa para o ego em busca de poder absoluto. Quando assim faz, o ego perde os limites com o desejo de obter o poder.

Quando o ego domina a pessoa, ele começa a consumir tudo o que há de humano e essencial nela: valores, empatia, compaixão e até mesmo seus próprios ideais e criações.

Assim como Cronos devorava seus filhos para preservar sua posição de poder, o ego sacrifica a humanidade interior do indivíduo em troca de controle, status ou domínio.

Essa busca desenfreada pelo poder transforma o ser humano em algo grotesco e bizarro. Perde-se a capacidade de amar, de se conectar com os outros e de viver de forma íntegra.

A mitologia grega retrata bem e ensina, por meio de figuras como Cronos, que essa transformação destrutiva é inevitável quando o poder é buscado sem limites, sem equilíbrio e sem respeito pela essência interior.

No contexto espiritual e psicológico, essa história também serve como um alerta: a soberba, representada pelo desejo de controle absoluto, é uma força que destroi a natureza humana.

Para superar esse ciclo, é necessário abandonar o ego e buscar um equilíbrio que respeite tanto os desejos pessoais quanto os valores mais profundos da alma.

Capítulo 20

Realidade em Seth

Encontrando a primeira porta

Seth a porta de entrada para as realidades

Realidade em Seth

Seth: A Porta de Entrada para as Realidades

Realidade em Seth

Há uma porta que dá acesso à busca pela humanidade perdida. A realidade de Seth simboliza o início de um caminho que conduz a alma de volta à essência, restaurando o propósito divino perdido após a queda de Adão.

Quando a humanidade foi desconectada de sua origem divina, Seth emerge como a promessa de uma nova direção, um marco no despertar espiritual.

Seth: O Caminho Apontado

Na genealogia, Seth é o terceiro filho de Adão e Eva, nascido após a morte de Abel e a condenação de Caim. Ele é a restauração do propósito divino, representando a continuidade da linhagem que culminará em Enoque, o arrebatado.

Espiritualmente, Seth é o ponto inicial de reconciliação com o Criador, onde a alma começa a buscar a verdade e romper com as vaidades e ilusões do mundo.

Seth simboliza a orientação divina para a alma que deseja retornar à essência. Ele inaugura um ciclo de renovação, sendo a primeira porta que se abre para aqueles que reconhecem a necessidade de romper com o caos mental e os padrões herdados da natureza caída.

O Protocolo de Seth: Acertar a Porta e Porfiai por Entrar.

1. Encontrar a Porta do Entendimento

O primeiro passo é reconhecer a existência de uma verdade maior e buscar compreendê-la. Isso exige humildade para admitir que os caminhos anteriores eram ilusórios e disposição para trilhar uma nova direção.

2. Porfiar para Entrar

A realidade de Seth não é passiva; ela exige perseverança. Porfiar significa lutar contra as distrações, tentações e resistências que tentam impedir a alma de avançar. Esse esforço contínuo reflete a determinação necessária para ultrapassar a porta estreita.

3. Renunciar ao Passado

Seth demanda que a alma deixe para trás tudo o que pertence à velha natureza: vaidades, apegos e crenças ilusórias. Essa renúncia é crucial para a transição daquilo que é fictício (vaidade) para aquilo que é real (essência).

O Desafio da Porta Estreita

O caminho de Seth desafia os valores do mundo, que exaltam o ego e as vaidades. Entrar pela porta estreita significa aceitar a renúncia ao passado: títulos, glórias terrenas, status social e honras que sustentavam a falsa identidade da alma.

Os desafios dessa realidade incluem enfrentar incompreensões, perseguições e rejeições. Contudo, isso é um sinal de progresso, pois o caminho de Seth é contrário aos padrões mundanos.

A Promessa de Novidade de Vida

Seth inaugura uma nova realidade. Aqueles que atravessam a porta estreita descobrem possibilidades ocultas, marcadas por uma conexão profunda com o Criador e um propósito renovado. A partir de Seth, a alma experimenta a presença divina de forma mais tangível, fortalecendo sua determinação em seguir a jornada.

Seth e o Ciclo da Aliança

Seth sela a aliança entre a alma e o Criador. Ao entrar pela porta, a alma compromete-se a cumprir os protocolos necessários para avançar nos ciclos posteriores. Esse compromisso é a base para o progresso espiritual contínuo e alinhado ao propósito divino.

Seth não é apenas um personagem ou estágio, mas o marco inicial de uma trajetória de restauração. Ele simboliza a esperança de que, mesmo em meio à natureza caída, é possível encontrar o caminho de volta ao Criador.

Jesus e o Caminho da Porta Estreita

Nos evangelhos, Jesus mapeia os desafios de atravessar a porta do entendimento. Ele adverte sobre os obstáculos:

Falsidade e soberba religiosa: Os "fermentos dos fariseus" que distorcem a verdade.

Medo e avareza: A insegurança diante da desaprovação humana e o apego ao material.

Ansiedade e distração: A inquietação que desvia a alma do foco espiritual.

Irresponsabilidade: A falta de compromisso com a verdade revelada.

Esses desafios exigem discernimento e coragem para superá-los.

A Aplicação do Caminho de Seth

O apóstolo Paulo, em Colossenses 3, destaca os princípios para atravessar a porta:

1. Buscar as coisas de cima: Ter pensamentos voltados ao espiritual, abandonando os desejos terrenos.

2. Mortificar os membros terrenos: Renunciar à fornicação, impureza, avareza e outros males que pertencem à velha natureza.

3. Revestir-se do novo homem: Adotar misericórdia, humildade, longanimidade e amor como base da nova identidade.

Esses passos conduzem a alma à verdadeira transformação e alinhamento com o propósito divino.

O Legado de Seth

Portanto, Seth é a porta de entrada para a jornada espiritual, simbolizando o ponto de virada onde a alma começa a romper com o caos mental e a seguir o caminho correto.

Ao cumprir o protocolo de Seth que é acertar a porta do entendimento, porfiar por entrar e renunciar ao passado, a alma está pronta para avançar aos ciclos seguintes, até alcançar o arrebatamento figurado em Enoque.

O resgate começa aqui, em Seth, com o compromisso de romper com a natureza caída e iniciar uma longa jornada rumo à essência divina.

Capítulo 21

Realidade em Enos

Não haverá possibilidade de seguirmos em frente sem abrir mão do passado.

A Chave da Renúncia: O Caminho para a Liberdade

Não há como avançar na jornada espiritual sem abrir mão do passado. A renúncia é a chave mestra para adentrar a nova realidade e iniciar o ciclo que agora se apresenta.

Esse processo exige um esvaziamento profundo da natureza carnal e religiosa, um passo essencial para nos despirmos de conceitos limitantes e nos libertarmos das correntes do ego, da vaidade e das ilusões.

A verdadeira libertação só é alcançada quando renunciamos por completo. Sem essa disposição, permanecemos presos em um ciclo repetitivo, incapazes de enxergar além das construções que nos afastam da essência divina.

A renúncia, portanto, é mais do que uma ação externa; é uma transformação interna que nos liberta daquilo que é fictício, ilusório e temporal.

Natureza Carnal e Religiosa: Duas Prisões

Nossa natureza carnal é evidente no apego aos prazeres mundanos, à busca incessante por validação e poder. Já a natureza religiosa, mais sutil, se apresenta como virtude e moralidade elevada, mas também aprisiona a alma em estruturas dogmáticas e rituais vazios.

Ambas são manifestações do ego, que nos mantém distantes da verdade.

Renunciar à natureza carnal significa deixar de lado as paixões e os desejos que alimentam o orgulho e a vaidade. Por outro lado, a renúncia à natureza religiosa exige o abandono das doutrinas e tradições que nos limitam, não para rejeitar a fé, mas para transcender as formas superficiais que ela pode assumir.

O Esvaziamento e a Morte do Velho Eu

O esvaziamento é o ato de fazer morrer o velho eu e o conjunto de crenças, identidades e práticas que formam nossa personalidade carnal e religiosa.

Esse processo simbólico de morte permite o renascimento em uma nova realidade, onde a alma está livre para experimentar o divino sem filtros ou intermediários.

Esse esvaziamento, porém, é doloroso. Renunciar ao que acreditamos ser essencial é enfrentar perdas significativas: títulos, honrarias, status e até laços sentimentais.

Ainda assim, é um passo inadiável. Somente quando estamos vazios das ilusões do passado, podemos receber a plenitude do novo.

A Realidade de Enos: Renúncia e Luta

O ciclo de Enos reflete essa etapa crucial. Enos, cujo nome significa "ser humano" ou "mortal", representa a transição de uma consciência corrompida para uma busca genuína por essência.

Ele simboliza a luta da alma ao se deparar com a corrupção, buscando romper com padrões antigos e estabelecer um novo caminho.

Esse processo exige a morte de antigos hábitos, conceitos e egos. É um momento de amarga reflexão, onde a alma enfrenta as dores de deixar para trás aquilo que construiu no passado. As perdas são inevitáveis, mas necessárias para que a essência encontre espaço para se manifestar.

Fazendo Morrer as Obras da Carne

No ciclo de Enos, aplicamos os ensinamentos de Gálatas 5, que descreve as obras da carne como obstáculos à evolução espiritual:

1. Imoralidade sexual: confusão entre ideias.

2. Impureza: corrupção da verdade.

3. Libertinagem: abuso da liberdade.

4. Idolatria: avareza disfarçada.

5. Feitiçaria: rebeldia contra a verdade.

6. Ódio: rejeição de ideias opostas.

7. Discórdia: conflitos por ignorância.

8. Ciúmes, ira, egoísmo, dissensões, facções, invejas, embriaguez, orgias: expressões do ego que precisam ser eliminadas.

Renunciar a essas práticas é abrir caminho para um novo padrão mental, onde a alma encontra pureza e equilíbrio.

A Destruição do Velho Mundo e a Grande Tribulação

O Apocalipse não trata apenas do fim do mundo físico, mas da destruição do mundo religioso e carnal dentro de nós. Esse processo se inicia quando aceitamos a luz de Cristo e nos comprometemos com a busca por uma consciência pura.

A grande tribulação é o período mais desafiador dessa jornada, dividido em dois momentos: a tribulação inicial, onde enfrentamos a resistência interna e externa, e a grande tribulação, onde destruímos os conceitos que nos mantinham presos.

A destruição das religiões falsas e das estruturas enganosas é parte desse processo, assim como o julgamento interno da nossa consciência.

É nesse momento que nos aproximamos da realidade de Enoque, onde a alma, purificada, pode ascender a uma nova dimensão espiritual.

Os Deuses do Olimpo: Arquétipos da Soberba

Os deuses do Olimpo representam arquétipos psicológicos que habitam nosso território mental, manifestações da soberba que devemos renunciar. Cada um desses deuses reflete uma característica da natureza caída que precisamos superar: veja alguns exemplos:

Zeus: sede de poder.

Afrodite: vaidade e sensualidade.

Ares: ira e violência.

Dionísio: hedonismo e loucura.

E assim por diante, cada um ilustrando uma faceta do ego que nos domina.

Renúncia: O Preço da Liberdade

Renunciar a esses arquétipos é uma guerra mental, mas necessária para que a alma possa experimentar a verdadeira liberdade. Quando vencemos a soberba, deixamos de ser "deuses habitantes do caos" e nos transformamos em seres humanos genuínos.

Esse processo nos conduz a um estado de pureza e alinhamento com a verdade, onde podemos finalmente nos conectar ao divino de maneira plena e autêntica.

Esse será o Caminho notório para resgate da Essência.

O ciclo de Enos é um convite para renunciar às ilusões, fazer morrer o velho eu e abraçar a essência.

Por meio da renúncia, nos despimos de tudo que nos limita e adentramos uma nova realidade, onde a verdade se manifesta sem filtros.

Esse é o caminho para a liberdade: abrir mão de tudo, sofrer as dores necessárias e, finalmente, experimentar a plenitude de uma consciência pura e divina.

Capítulo 22

Realidade em Cainã

Sofrendo as consequências de uma ideia nova

Realidade em Cainã: O Peso das Consequências de uma Nova Ideia.

A Realidade de Cainã: O Sacrifício que Purifica a mente.

Adentrar a porta de Cainã é enfrentar, sem hesitação, a nova realidade e o que ela nos apresenta. Se cumprimos os protocolos anteriores e atravessamos a porta renunciando ao estado mental passado, não há como escapar das consequências inevitáveis dessa escolha. Cainã é uma escola de sofrimento e renúncia, onde somos forçados a encarar as perdas que acompanham a busca por um caminho superior.

A lição primordial de Cainã é aprender a conviver com as renúncias. Não são escolhas simples, mas imposições divinas que têm como objetivo purificar nossa essência.

Aquilo que não conseguimos abandonar por vontade própria, o Senhor, em sua infinita sabedoria, arranca de nós por meio do sacrifício. Ele é o nosso sacerdote, e é Ele quem guia esse doloroso processo de purificação.

Beber desse cálice amargo é inevitável. Não há atalhos ou escapatórias para evitar o sofrimento. A única forma de permanecer no caminho é perdendo a velha vida em todas as suas vaidades, impiedades e estruturas do ego que outrora definiram nossa existência.

O Sacrifício do Velho Eu.

Tudo, sem exceção, precisa ser sacrificado. Nossas vaidades e impiedades são como os "bodes e ovelhas" interiores, que constantemente nos empurram para os extremos do orgulho ou da corrupção. Essas forças instintivas, profundamente enraizadas em nossa mente, precisam ser mortificadas para que possamos buscar uma consciência pura.

Em Cainã, aprenderemos que nossas construções passadas onde os títulos, as honras, as glórias erigidas pelo ego eram nosso objetivo, agora devem ruir.

Essas estruturas não têm lugar no novo e vivo caminho que o Senhor nos propõe. A vaidade e a religiosidade que vestiam nossa identidade precisam ser despidas, e somente então poderemos vestir a nova roupagem espiritual oferecida por Deus.

A Decisão de Renunciar.

Quando a alma se encontra nua diante dessa vontade divina, surge o momento crucial de escolha: renunciar ao que fomos ou permanecer presos ao passado.

Essa decisão não é fácil, pois exige um confronto direto com o nosso ego e as nossas zonas de conforto. É um conflito inevitável, mas absolutamente necessário para o avanço espiritual.

Ao aceitar a proposta divina de um novo caminho, uma nova consciência é despertada. Com isso, as perdas começam a se manifestar de forma dolorosa, trazendo tribulações que ferem profundamente o ego.

Tudo o que foi construído sob a bandeira da injustiça, da vaidade e da impiedade começa a ser destruído, e esse processo ocorre por meio de um sacrifício consciente.

A Dor do Rompimento

As perdas em Cainã vão além do material. Elas se estendem aos laços emocionais e relacionamentos que, muitas vezes, nos prendem ao velho estado.

O rompimento com pessoas que amamos profundamente será inevitável, e isso trará conflitos internos intensos. No entanto, o desejo de ressuscitar nossa essência deve ser maior do que qualquer dor ou apego sentimental.

A renúncia é uma ferramenta divina que destroi o que é falso para abrir espaço para o que é verdadeiro. Por mais que doa, não há como se esquivar desse processo.

O Altar da Justiça

Cainã nos ensina que tudo o que criamos em nossa vaidade e impiedade deve ser oferecido no altar da justiça. Somente quando sacrificamos nossas falsas construções, abrimos espaço para que o Senhor reconstrua algo novo e puro. É nesse contexto que a nova porta se abre, revelando oportunidades de crescimento espiritual e amadurecimento.

O sofrimento que acompanha esse sacrifício é evidente, mas ele nos molda, nos fortalece e nos prepara para a próxima etapa da jornada.

O Propósito que Sustenta

Como declarou o Apóstolo Paulo: "Quem nos separará do amor de Deus que está em Cristo Jesus?" Nada e ninguém pode impedir nossa jornada se o propósito estiver enraizado profundamente em nosso ser. As dores e renúncias de Cainã são transitórias, mas o fruto delas é eterno.

Ao abrir mão do velho, damos passos firmes em direção ao novo, permitindo que nossa essência ressuscite e floresça.

Cainã não é apenas um ciclo de sofrimento; é um ciclo de reconstrução, onde aprendemos que a verdadeira liberdade só é alcançada pelo sacrifício consciente de tudo aquilo que nos impede de viver plenamente na presença de Deus.

Capítulo 23

Realidade em Maalalel

Um consolo prometido

"Realidade em Maalalel":

Realidade em Maalalel: O Consolo Prometido

A renúncia, ao nos despir das ilusões do mundo, exige consolo. Não será uma tarefa simples abrir mão de tantas coisas que, por tanto tempo, nos trouxeram satisfação e conforto.

Não se trata apenas de desapegar de bens materiais, mas de cortar vínculos sentimentais profundos, de renunciar às conexões que moldaram nossa identidade e nos deram segurança.

No entanto, todo sofrimento que enfrentamos na busca por consciência será recompensado com consolo. O Espírito Consolador, prometido por Cristo, estará disponível para aqueles que tomarem a decisão de segui-lo.

Se o sofrimento que vivemos é fruto da nossa escolha por Cristo, se as tribulações que enfrentamos são o resultado das perseguições, incompreensões e renúncias feitas por amor à justiça, então somos dignos de ser consolados. O consolo virá, e com ele, a força necessária para continuar no propósito.

A certeza do consolo é uma promessa. O Apóstolo Paulo falou sobre isso de forma inquestionável ao dizer que nada pode nos separar do amor de Deus que está em Cristo:

Romanos 8:

"E aos que predestinou, a estes também chamou; e aos que chamou, a estes também justificou; e aos que justificou, a estes também glorificou.

Que diremos, pois, a estas coisas? Se Deus é por nós, quem será contra nós?

Aquele que nem mesmo seu próprio Filho poupou, antes o entregou por todos nós, como não nos dará também com ele todas as coisas?

Quem intentará acusação contra os escolhidos de Deus? É Deus quem os justifica.

Quem é que condena? Pois é Cristo quem morreu, ou antes, quem ressuscitou dentre os mortos, o qual está à direita de Deus, e também intercede por nós.

Quem nos separará do amor de Cristo? A tribulação, ou a angústia, ou a perseguição, ou a fome, ou a nudez, ou o perigo, ou a espada?

Como está escrito: Por amor de ti somos entregues à morte todo o dia; somos reputados como ovelhas para o matadouro.

Mas, em todas estas coisas, somos mais que vencedores, por aquele que nos amou.

Porque estou certo de que nem a morte, nem a vida, nem anjos, nem principados, nem potestades, nem o presente, nem o porvir,

nem altura, nem profundidade, nem qualquer outra criatura nos poderá separar do amor de Deus, que está em Cristo Jesus nosso Senhor."

Romanos 8:30-39

Essa passagem nos ensina que, se realmente desejamos buscar a consciência superior, nada poderá nos destruir. O amor de Cristo nos envolve e nos sustenta mesmo nos momentos de maior tribulação. As renúncias, por mais dolorosas que sejam, são o preço a ser pago para abrir caminho para uma nova realidade espiritual.

Portanto, seja corajoso em sua determinação ao entrar por essa porta estreita. Jamais estará sozinho. Essa é uma promessa que vem de Deus, Aquele que nos chamou para esse grande desafio. Ele estará conosco em cada momento, especialmente nos mais difíceis, consolando-nos quando o peso das renúncias parecer insuportável.

O processo será doloroso, sem dúvida. A luta será contra todo um sistema estabelecido que, por eras, construiu alicerces de vaidade, impiedade e orgulho. No entanto, não lutamos sozinhos.

O Espírito Consolador nos acompanhará em cada tribulação, oferecendo conforto e força. Mesmo em meio à dor e ao sacrifício, podemos encontrar paz, sabendo que o consolo divino é certo e constante.

Essa versão aprimora a estrutura do capítulo, reforçando a promessa do consolo divino como uma força vital no processo de renúncia e sacrifício.

O papel do Espírito Consolador é destacado como central, junto à certeza de que o seguidor de Cristo jamais estará só, mesmo nos momentos mais sombrios.

A renúncia exigirá consolo. Acredite, não será uma tarefa fácil abrir mão de tantas coisas que nos trazem satisfação.

Não somente abrir mão de bens materiais, mas principalmente de vínculos sentimentais.

Todo nosso sofrimento ao buscar consciência trará um consolo. O Espírito consolador estará disponível para todos que assim determinarem. Se realmente nosso sofrimento é proveniente da escolha a qual fizemos por Cristo em segui-lo. Se nossa tribulação é o resultado das perseguições, das incompreensões em razão de nossa renúncia. Ai sim, merecemos ser confortados e consolados.

Portanto, venceremos tudo quando estivermos dispostos a seguir em nosso propósito. Não estaremos sozinhos acreditem.

O Apóstolo Paulo fala sobre isto dizendo que nada pode nos separar do amor de Deus que está em Cristo:

ROMANOS 8

30 E aos que predestinou a estes também chamou; e aos que chamou a estes também justificou; e aos que justificou a estes também glorificou.

Cântico de vitória: Deus é por nós

31 Que diremos, pois, a estas coisas? Se Deus é por nós, quem será contra nós?

32 Aquele que nem mesmo o seu próprio Filho poupou, antes o entregou por todos nós, como nós não dará também com ele todas as coisas?

33 Quem intentará acusação contra os escolhidos de Deus? É Deus quem os justifica.

34 Quem é que condena? Pois é Cristo quem morreu, ou antes quem ressuscitou dentre os mortos, o qual está à direita de Deus, e também intercede por nós.

35 Quem nos separará do amor de Cristo? A tribulação, ou a angústia, ou a perseguição, ou a fome, ou a nudez, ou o perigo, ou a espada?

36 Como está escrito: Por amor de ti somos entregues à morte todo o dia; Somos reputados como ovelhas para o matadouro.

37 Mas em todas estas coisas somos mais do que vencedores, por aquele que nos amou.

38 Porque estou certo de que, nem a morte, nem a vida, nem os anjos, nem os principados, nem as potestades, nem o presente, nem o porvir,

39 Nem a altura, nem a profundidade, nem nenhuma outra criatura nos poderá separar do amor de Deus, que está em Cristo Jesus nosso Senhor.

Se realmente queremos buscar consciência, seguimos em frente acreditando que nada poderá nos destruir.

Portanto, seja corajoso naquilo que você determinou em suas convicções ao entrar pela porta. Você jamais estará sozinho, isto é uma promessa Dele que nos chamou a este desafio.

O processo pode ser doloroso. E será claro. Pois a nossa luta será contra todo um sistema estabelecido. Mas temos Deus ao nosso favor e através do Espírito consolador seremos consolados em toda tribulação.

Capítulo 24

Realidade em Jared

Realidade em Jared: A Extrema Corrupção da Consciência Espiritual.

O Desafio da Santidade no Meio da Corrupção

Ao adentrarmos o ciclo de Jared, somos confrontados com uma realidade avassaladora: o mundo agora se ergue como o maior inimigo da nossa consciência renovada.

Até este ponto, fomos afastados da corrupção para viver um período de santidade, um estado de refúgio onde fortalecemos nossas convicções na verdade.

Santidade, portanto, não é isolamento permanente, mas um intervalo necessário para preparar nossa alma para desafios maiores.

Porém, Jared é o símbolo da descida. É a hora de retornar ao ambiente corrupto, mas agora, munidos de uma consciência transformada.

Essa descida não é uma queda, mas uma prova: será que, mesmo imersos em um mundo que clama por nossa rendição, conseguiremos manter intacta a nova verdade que carregamos?

Santidade em Meio à Corrupção

Deus nos oferece, nesta etapa, a oportunidade de conviver com a corrupção sem nos deixar corromper. Tal como Cristo viveu no mundo sem ser parte dele, somos chamados a resistir às seduções do sistema enquanto permanecemos firmes em nossa essência.

A descida é uma decisão: permanecer em direção à ascensão, como Enoque, ou sucumbir às tentações e retornar à velha corrupção.

Em João 17, Jesus deixa claro esse princípio enquanto ora por nós:

"Não peço que os tires do mundo, mas que os livres do mal. Não são do mundo, como eu do mundo não sou. Santifica-os na tua verdade; a tua palavra é a verdade." (João 17:15-17)

Assim como Cristo nos enviou ao mundo, Ele também nos deu as ferramentas para vencer. Não há necessidade de isolamento ou fuga, pois o verdadeiro propósito da consciência adquirida é transformar-se em um farol em meio à escuridão.

Estar no mundo é parte do chamado, mas a vitória espiritual está em não permitir que o mundo nos transforme.

O Teste do Protocolo em Jared

O protocolo de Jared não é apenas resistir à corrupção externa, mas vencer os deuses internos que ainda habitam nossa mente. Esses "deuses", personificados pela soberba, vaidade e ambições do ego, são perigos maiores que os desafios externos.

Se não forem destruídos, eles descem do "Olimpo" de nossas ilusões para dominar nossa carne e mente. Tornam-se gigantes dentro de nós, alimentando uma soberba que nos convence de que somos invencíveis ou autossuficientes.

Esses gigantes espirituais são como os Nephilim mencionados no Livro de Enoque: forças que devoram nossa essência verdadeira, fazendo-nos esquecer do propósito divino.

A soberba, disfarçada de poder e glória, é o maior inimigo da alma neste ciclo. Ela tenta nos iludir, fazendo-nos crer que não precisamos mais buscar, que já alcançamos tudo. Porém, é nesse momento que começa a queda.

Viver em Santidade Enquanto Somos Provados

Seremos provados em Jared para demonstrar se somos dignos da ascensão. Não buscamos a consciência para fugir do mundo como eremitas, mas para encarar a corrupção de frente e não nos deixar consumir por ela.

Assim como o fogo prova o ouro, o protocolo de Jared nos molda na resistência, preparando-nos para o arrebatamento espiritual que virá com Enoque.

Esse ciclo exige coragem para enfrentar a corrupção externa e força para superar as batalhas internas. Não somos chamados a destruir o mundo, mas a vencê-lo em espírito e verdade, guiados pela proteção divina. É a vivência da justiça em meio ao caos, um testemunho vivo do poder transformador de Cristo.

A Soberba: O Maior Inimigo

A soberba é a raiz de todas as quedas espirituais. No ciclo de Jared, ela se apresenta como o teste final antes de progredirmos.

Se permitirmos que esses "deuses" internos assumam o controle mental, nosso destino será a estagnação espiritual. Devemos compreender e vencer a soberba, rejeitando a vaidade que tenta obscurecer nossa visão da verdade.

Por outro lado, se mantivermos nossa integridade e nos livrarmos dessas falsas divindades, estaremos prontos para o próximo estágio: a ascensão em Enoque, onde seremos elevados a uma consciência plena de justiça, livres das correntes do ego e da ilusão.

A realidade de Jared é um convite ao crescimento. Descer ao mundo corrupto não é um retrocesso, mas uma oportunidade de solidificar nossa nova consciência, enfrentando as provas com confiança no Senhor.

A vitória em Jared não é medida pela ausência de desafios, mas pela capacidade de manter a pureza espiritual em meio a eles.

Assim, enfrentamos essa descida com coragem, sabendo que ela nos prepara para a verdadeira ascensão. Que possamos, como Enoque, caminhar com Deus e ser elevados acima de toda corrupção, em uma jornada contínua de transformação e iluminação.

Capítulo 25

A realidade em Enoque

Tirados do meio A realidade de um mundo de iniquidade

A Realidade em Enoque: Tirados de um Mundo de Iniquidade

Vamos iniciar nossa jornada neste capítulo, observando aquilo que o profeta falou em seu manuscrito no Capítulo 1.

1. As palavras das bênçãos de Enoque, com as quais ele abençoou os eleitos e os justos, que existirão nos tempos da tribulação, rejeitando toda iniquidade e mundanismo.

Observamos que o Livro de foi escrito para um grupo específico: os eleitos e os justos.

Os eleitos são aqueles que mantêm sua fé firme durante a grande tribulação. Se lembrarmos das realidades anteriores, vemos que os eleitos superaram e chegaram até aqui, o que os tornaram escolhidos e pela sua perseverança, agora eleitos.

Os justos, por sua vez, são os que foram justificados pela fé em Cristo e praticaram a justiça.

Não uma justiça própria, mas a que vem de Deus. Pois nenhuma obra humana pode alcançar a justiça divina, pois a lei veio para condenar o homem, expondo sua incapacidade de cumpri-la plenamente. Mas a graça justifica se crermos.

Chegar à realidade de Enoque significa que nosso padrão de pensamento está próximo de uma elevação espiritual e de uma compreensão maior.

Diante do retrato Profético do Mundo Atual:

Em Romanos 3:10-24, lemos:

"Não há um justo, nem um sequer;

Não há ninguém que entenda;

Não há ninguém que busque a Deus.

Todos se desviaram e juntos se tornaram inúteis.

Não há quem faça o bem, nem um só.

Por isso, ninguém será justificado diante de Deus pelas obras da lei, porque pela lei vem o conhecimento do pecado.

Mas agora, a justiça de Deus se manifestou, sem a lei, por meio da fé em Jesus Cristo para todos os que creem, porque não há diferença.

Todos pecaram e carecem da glória de Deus, mas são justificados gratuitamente pela sua graça, pela redenção que há em Cristo Jesus."

Esse texto descreve perfeitamente o estado espiritual do mundo hoje, especialmente o mundo religioso, que distorce e adultera a verdade. O que vemos é uma proliferação de diferentes formas de "cristianismo", cada uma moldada de acordo com as mentes perversas humanas.

Há grupos religiosos que, em vez de promoverem a renúncia às vaidades, incentivam-na através de falsas promessas de prosperidade e curas milagrosas. Porém, é nesse mundo corrompido que a luz de Cristo surge para libertar.

Quem crer será salvo; quem não crer estará condenado a uma escuridão mental. E a ignorância que está nas trevas exteriores entenebrecida cobrirá a mente.

A ignorância, portanto, é um juízo divino.

O Mundo Corrupto e a Necessidade de Purificação:

Vivemos em um mundo corrompido, tanto em valores quanto em entendimento espiritual. Estamos cercados por doutrinas humanas que afogam a mente em confusão e descrença.

Assim como Enoque, que andou com Deus e viu a visão dos céus, somos chamados a andar pela fé e nos desligar das ideologias mundanas.

Em Romanos 3:28-29, Paulo afirma: "Concluímos, pois, que o homem é justificado pela fé sem as obras da lei." Isso significa que tanto judeus quanto gentios podem ser justificados pela fé em Cristo.

O Caminho de Caim é a jornada de uma Justiça Própria:

E aqueles que ostentam uma justiça própria, confiando em suas obras, seguiram pelo caminho de Caim. Ele foi o personagem que ofereceu a Deus o que acreditava ser o melhor, mas foi rejeitado porque sua oferta estava carregada de orgulho.

Vê se isso não retrata muitos dos sistemas religiosos da atualidade. Oferecem um templo majestoso, cheio de riquezas. O melhor coral, a melhor decoração. Suas reuniões são verdadeiros espetáculos de apresentações. Mal sabem eles que Deus está rejeitando toda aquela aparência.

O verdadeiro sacrifício é o de um coração humilde que reconhece a incapacidade humana de alcançar a justiça por conta própria. Que está pronta para dedicar e levar ao sacrifício duas próprias vaidades.

Esse é o perigo da religiosidade: criar um falso senso de justiça baseado em obras, quando o verdadeiro caminho é o da fé.

A geração de Caim constroi um mundo religioso onde as melhores ofertas humanas são exaltadas, mas, aos olhos de Deus, isso é uma abominação. Deus não se impressiona com o belo ou o formoso; Ele busca corações que vivem pela fé, não pela ostentação de obras.

O Início da Impiedade:

Quando oferecemos a Deus nossas realizações e nos gloriamos em nossos talentos e dons, caímos no erro de Caim. O orgulho por nossa própria justiça nos afasta de Deus e aí inicia o processo de impiedade em nossas almas.

Caim é o pai da religiosidade que se corrompe progressivamente. E são muitos hoje que seguem por esse caminho. Buscando impressionar a Deus com suas obras, na verdade estão apenas servindo a seus próprios egos e sendo rejeitados pelo Senhor.

Assim como Enoque, somos chamados a andar com Deus, não pelas nossas obras, mas pela fé.

A verdadeira elevação espiritual não vem de nossas realizações, mas da nossa total dependência da graça de Deus. Aquele que perseverar em fé será contado entre os eleitos e escapará da corrupção deste mundo religioso, entrando na luz e na verdade de Cristo.

1 As palavras das bênçãos de Enoque, com as quais ele abençoou os eleitos e os justos, os quais devem existir nos tempos da tribulação, rejeitando toda iniquidade e mundanismo.

Vemos claramente que o livro de Enoque foi escrito para alguém específico os eleitos e justos.

E os eleitos são os que se conservam na fé vencendo a grande tribulação. Lembra-se das realidades anteriores? Pois bem, se subsistimos a elas nos tornaremos eleitos.

Se chegarmos até a realidade de Enoque, estaremos com um padrão de pensamento bem próximo para ser elevado em nosso entendimento.

O retrato profético do mundo atual:

Romanos 3: 10-24

Como está escrito:

Não há um justo, nem um sequer. Não há ninguém que entenda;

Não há ninguém que busque a Deus.

Todos se extraviaram, e juntamente se fizeram inúteis.

Não há quem faça o bem, não há nem um só.

A sua garganta é um sepulcro aberto; Com as suas línguas tratam enganosamente;

Peçonha de áspides está debaixo de seus lábios; Cuja boca está cheia de maldição e amargura. Os seus pés são ligeiros para derramar sangue.

Em seus caminhos há destruição e miséria; E não conheceram o caminho da paz.

Não há temor de Deus diante de seus olhos. Ora, nós sabemos que tudo o que a lei diz aos que estão debaixo da lei o diz, para que toda a boca esteja fechada e todo o mundo seja condenável diante de Deus. Por isso nenhuma carne será justificada diante dele pelas obras da lei, porque pela lei vem o conhecimento do pecado.

Mas agora se manifestou sem a lei a justiça de Deus, tendo o testemunho da lei e dos profetas; Isto é, a justiça de Deus pela fé em Jesus Cristo para todos e sobre todos os que creem; porque não há diferença.

Porque todos pecaram e destituídos estão da glória de Deus; sendo justificados gratuitamente pela sua graça, pela redenção que há em Cristo Jesus.

Veja que a ignorância é um juízo.

Pisar sobre o Monte Sinai é pisar sobre a Lei instituída sendo criada uma nova lei

4 O qual pisará sobre o Monte Sinai; aparecerá com Suas hostes e se manifestará com a força do Seu poder dos céus.

5 Todos estarão temerosos e as Sentinelas estarão aterrorizadas.

Montanhas de doutrinas e pensamentos os quais deformam a terra e criam montes de adoração

6 Grande temor e tremor se apoderaram deles, mesmo aos confins da terra. As alturas das montanhas serão abaladas, e os altos montes serão abatidos, derretidos como o favo de mel na chama de fogo. A terra será imersa e todas as coisas que nela estão perecerão; enquanto julgamento virá sobre todos, mesmo sobre todos os justos:

Não crer e a incredulidade são o primeiro pecado com juízo.

Isto quer dizer que o homem está lançado a um juízo de maldição de afogamento de seu entendimento mental mesmo. E isto produz a morte espiritual.

Os homens estão mortos em ofensas e pecados.

Veja que até os justos serão julgados

Conheci um homem (e está cheio desses por aí), que se encheu de uma justiça própria.

Uma pessoa bem sucedida, que trabalhou a vida toda e adquiriu certo patrimônio. E que hoje, está realizada em seus feitos.

E em razão de tantos trabalhos que realizou isto trouxe a ele certo status social. Gaba-se de suas conquistas, se acha o "cara" e vive sempre criticando aqueles que não o tomam como exemplo de vida. E foram as suas realizações que nutriram nele uma ostentação vaidosa e acabaram desenvolvendo toda uma soberba e por final um orgulho próprio.

Perceba como até mesmo aquilo que fazemos de bom nos leva a desenvolver em nós estas coisas.

Por esta razão aí se inicia o processo da impiedade. Quando começamos a ostentar uma vaidade por aquilo que somos, que fazemos que temos, etc. Mesmo que isto seja de aspecto bom e que esteja em concordância com a própria ética, a moral e os bons costumes.

Quantos desses vocês não conhecem?

E é justamente aí que a impiedade começa seu processo devastador na alma humana.

AI DELES! PORQUE ENTRARAM PELO CAMINHO DE CAIM

Caim ofereceu a Deus o seu melhor, uma oferta que aparentemente era muito mais bonita e saudável em comparação a oferta de seu irmão Abel. Pois, que beleza há em um cordeiro imolado e cheio de sangue?

Quando oferecemos aquilo que acreditamos ser o nosso melhor para Deus (nossas obras), na verdade nós estamos carregados de uma justiça própria e anulamos o sacrifício de Cristo.

Certamente reivindicaremos todo o nosso esforço e trabalho. Jamais seremos humildes o suficiente para reconhecer que não há méritos em nós, mas sim um favor imerecido.

O homem sempre tentará oferecer o seu melhor para Deus e acabará se enganando neste anseio. Pois isto gera nele um senso de justiça própria.

Em Caim nasceu a religião. É difícil não oferecer nada pra Deus. É difícil deixar toda justiça própria como forma de gratidão a Deus.

Assim, acreditamos que estaremos sendo gratos a Deus e na verdade estamos sendo enganados por nossa corrupta mente.

A todos quantos tomam o caminho de Caim (Judas 11). Isto é; não são diligentes no processo de salvação e mudam consideravelmente seus propósitos, não batalham os combates de aflições decorrentes da própria prática da fé. Entregam-se a dissolução da graça e a impiedade se tornaram corrompidos e perversos .

Negam ao Senhor como o único dominador e se prostituem com o mundo dando ouvido às vozes enganadoras. Estes tomam consideravelmente o caminho de Caim.

E assim, tornar-se-ão julgadores daqueles que assim não procedem.

Amam a caridade e a praticam como forma de ostentação e auto justificação. E é assim que se inicia o processo de uma impiedade crescente e devastadora.

E Caim, é o mentor da religiosidade.

E todos quantos se iniciam neste caminho serão rejeitados pelo Senhor em suas ofertas. Caim é o construtor de um mundo religioso onde será oferecido sobre o altar o melhor das ofertas do ponto de vista humano. O mais belo, o mais rico, o mais charmoso, etc.

Assim serão todos quantos tomados por este espírito de Caim projetam o melhor de si para Deus. Possuídos de um desejo até mesmo sincero, estão preocupados com templos suntuosos, tapetes vermelhos, luxo, riquezas. Tudo isto sendo justificado que é para Deus e como o melhor de sua oferta.

Na geração de Caim há inventores de instrumentos musicais, construtores de tendas, forjadores, etc. E tudo em nome da religiosidade pagã e corrupta.

Assim, apresentaram a Deus os seus melhores, com certeza, frutos de suas obras. Os melhores shows gospel, suas melhores construções de tendas as quais cobriram suas cabeças. Forjaram argumentos que justificaram suas oferendas engenhosas e inteligentes e se afastaram da simplicidade que há em Cristo.

Por esta razão serão rejeitados pelo Senhor. E todos quantos se entregam a esta disposição mental cairá no mesmo erro de Caim. E este é o fluxo natural da mente humana na busca por consciência. Mas os que estão na finalidade de acertarem com a porta que é estreita, se entregaram à fé. E isto deve estar acima de qualquer anseio humano.

A fé sobrepuja e está muito mais elevada em seus objetivos eternos do que qualquer anseio material.

A fé quer ir além e não se prende a um desejo. Antes, buscar aquilo que está lá na frente, uma oferta simples e perfeita que certamente agradará a Deus.

Portanto, a porta de entrada para uma iniquidade começa aqui, no exercício de uma impiedade. E esta disposição mental é o caminho de Caim, o desejo em oferecer a Deus a nossa melhor oferta. E é aí que erramos, pois não temos nada para oferecer a Deus por mais bela e atraente que seja a oferta.

E quando assim fizermos, estaremos tomando também o caminho de Caim.

Entramos por esta porta quando somos convencidos que oferecemos a Deus nossos tesouros, nossas riquezas, nossos dons, potencialidades, nossos talentos naturais e acreditamos que isto poderá agradá-lo.

Nos decepcionaremos quando chegarmos lá na frente e vermos que por mais belo, por mais talentoso, por mais bonito, por mais bem intencionado que fora a nossa oferta, o Senhor Deus nos rejeitará. Jamais seremos agradáveis a Deus.

Deus não se deixa convencer com o belo, com o formoso, com o que canta bem, com o mais inteligente projeto que busca seu louvor, sua adoração. Todas estas coisas acabaram reprovadas. O homem pode se encantar com o talento, com o inteligente, com o belo, com o formoso. Mas Deus não olha por esta ótica. Ele olha e vê a fé e busca a justificação por Cristo.

Portanto meu amigo, muitos tornam suas realizações no caminho de Caim e julgam que estão fazendo o melhor para Deus. Pobres deles, mal sabem o quanto estão sendo reprováveis em suas obras.

Na narrativa bíblica Caim gera um Enoque (Não é o mesmo autor do manuscrito), mas mostra que a impiedade também se desenvolve e segue começando uma iniciação. O nome Enoque significa "iniciação".

Veja que, tanto podemos iniciar-se na luz e justiça, como iniciar-se na impiedade e escuridão.

Saiba disto: nos últimos dias sobrevirão tempos terríveis.

Os homens serão egoístas, avarentos, presunçosos, arrogantes, blasfemos, desobedientes aos pais, ingratos, ímpios, sem amor pela família, irreconciliáveis, caluniadores, sem domínio próprio, crueis, inimigos do bem, traidores, precipitados, soberbos, mais amantes dos prazeres do que amigos de Deus, tendo aparência de piedade, mas negando o seu poder. Afastem-se também destes.

São estes os que se introduzem pelas casas e conquistam mulherzinhas sobrecarregadas de pecados, as quais se deixam levar por toda espécie de desejos. Elas estão sempre aprendendo, mas não conseguem nunca chegar ao conhecimento da verdade.

Como James e Jambres se opuseram a Moisés, esses também resistem à verdade. A mente deles é depravada; são reprovados na fé.

Não irão longe, porém; como no caso daqueles, a sua insensatez se tornará evidente a todos.

Mas você tem seguido de perto o meu ensino, a minha conduta, o meu propósito, a minha fé, a minha paciência, o meu amor, a minha perseverança, as perseguições e os sofrimentos que enfrentei, coisas que me aconteceram em Antioquia, Icônio e Listra. Quanta perseguição suportei !

Mas, de todas essas coisas o Senhor me livrou!

De fato, todos os que desejam viver piedosamente em Cristo Jesus serão perseguidos. Contudo, os perversos e impostores irão de mal a pior, enganando e sendo enganados.

Quanto a você, porém, permaneça nas coisas que aprendeu e das quais tem convicção, pois você sabe de quem o aprendeu. Porque desde criança você conhece as sagradas letras, que são capazes de torná-lo sábio para a salvação mediante a fé em Cristo Jesus.

Toda a Escritura é inspirada por Deus e útil para o ensino, para a repreensão, para a correção e para a instrução na justiça, para que o homem de Deus seja apto e plenamente preparado para toda boa obra.

Infelizmente muitos grupos religiosos fundamentados aparentemente na Bíblia, estão se tornando cada vez mais proliferados nestes últimos dias. A enganação está aumentando e muitas ovelhas estão sendo enganadas por charlatões disfarçados de ministros do evangelho.

Homens fraudulentos e mentirosos, pastores-cães sempre desejosos de agradar e de alcançar a aprovação dos homens e explorarem a fé ingênua. Esses maus líderes gostam de bajular para obter confiança e com suaves palavras e lisonjas enganam os corações dos simples.

Em Filipenses 3:2 o apóstolo Paulo assinala:

"Guardai-vos dos cães, guardai-vos dos maus obreiros".

Uma das passagens que mais retrata a situação como uma profecia para os dias atuais está em Isaías 56:11 onde o profeta dá as características dos pastores-cães.

"Estes cães são gulosos, não se podem fartar; e eles são pastores que nada compreendem; todos eles se tornam para o seu caminho, cada um para a sua ganância, cada um por sua parte".

São extremamente cobiçosos, de torpe ganância, avarentos; servem ao seu próprio ventre; sempre buscam a sua satisfação pessoal deixando as ovelhas ao abandono.

Jesus enfatizou que "O bom pastor dá a sua vida pelas ovelhas". O bom pastor, não ladra, não rosna, não rezinga, não ataca, não coloca o rebanho em apuros, não alarga o caminho estreito, mas ensina.

Os pastores-cães buscam os louvores de seus ouvintes e exploram as ovelhas. Esses maus líderes estão preocupados em solucionar problemas sempre de ordem financeira.

Criam sermões distorcendo a genuína palavra. Esquecem eles, que o único remédio para a cura dos males que afligem os homens, seja na mente ou no coração, é a Palavra de Deus.

Esses enganadores fazem com que as pessoas pensem que foram curadas dos seus pecados quando nunca souberam que estavam enfermos, eles colocam vestimenta de justiça sobre os seus ouvintes quando nunca souberam que estavam nus. Adequam a Palavra aos seus moldes, pois a preocupação deles é com a multidão. Multidão é lucro.

Os grupos religiosos desses pastores-cães aceitam tudo e o pecado não é tratado com seriedade. Pode tudo, desde que haja lucro. O dinheiro fala mais alto, a fama, o reconhecimento. Tudo isto são evidências nas vidas desses "pastores" os quais mundanizam o Evangelho. Para eles, o sucesso pessoal é o que importa.

O verdadeiro pastor que não é mercenário é como Moisés que "permaneceu firme como quem vê o invisível" (Hb 11:27), ou seja, os seus olhos estavam sobre o invisível, o reino espiritual de Deus, não no reino deste mundo.

Os pastores-cães induzem o povo ao erro através de alianças com o que é profano. Usam de jargões, criam formas e maneiras para manipular a massa sofrida que busca por respostas. Em 2 Tessalonicenses Paulo exorta dizendo :

" Se alguém não obedecer à nossa palavra por esta carta, notai o tal e não vos mistureis com ele". No capítulo 16 verso 17 aos Romanos, Paulo assinala dizendo: "Rogo-vos irmãos, que noteis os que promovem dissensões e escândalos contra a doutrina que aprendestes, desviai-vos deles". No livro apocalipse há uma sentença severa para os pastores-cães "Ficarão de fora os cães" (AP 22:15). Cabem a nós, ovelhas, ficarmos atentos para a solene advertência:

Capítulo 26

O amor sendo extintos

Vivemos num mundo onde cada vez menos se perdoa. A rivalidade, a busca pelo poder está esfriando cada vez mais as relações humanas. Vemos imperar a crueldade, o egocentrismo, a egolatria. Onde vai parar isso?

Os homens se digladiam e brigam para se manter no pico da pirâmide social.

O verdadeiro amor com seus valores definham a um caos terrível e infernal.

A Decadência do Amor: O Colapso da Pirâmide Social

Vivemos em um mundo onde, ironicamente, enquanto a palavra "perdão" é exaltada como um ideal, as práticas humanas caminham em direção oposta.

A rivalidade pelo poder e a supremacia social endurece os corações, transformando o perdão em uma fachada para mascarar a crueldade e a competição desenfreada.

O egocentrismo, a egolatria e a busca insaciável pela autoafirmação têm moldado o espírito humano em uma forma grotesca, afastando-o de sua essência original.

A pirâmide social, sustentada pelo egoísmo, transforma cada indivíduo em um competidor voraz, disposto a esmagar quem quer que esteja no caminho de sua ascensão.

Os valores do verdadeiro amor como compaixão, empatia e sacrifício desaparecem à medida que os homens se degradam, tornando-se sombras do que foram criados para ser.

Enquanto isso vemos luzir o Falso Brilho do Ego.

O ego tornou-se o novo ídolo. Egocentrismo e egolatria são os pilares de um culto silencioso, mas poderoso, que permeia todas as esferas da vida.

A era do "eu" substituiu a era do "nós". O próximo deixou de ser um irmão ou um aliado; agora, é visto como um adversário ou um degrau a ser superado.

Esse sistema não apenas destroi os laços entre os homens, mas também aniquila qualquer possibilidade de coexistência harmoniosa.

Quando cada um busca seu lugar no topo, a base da pirâmide, onde o amor deveria estar alicerçado, começa a desmoronar. Sem esse fundamento, a estrutura social colapsa em um caos terrível e infernal, onde impera a lei do mais forte.

O Amor Que Definha

O verdadeiro amor, com seus valores elevados, é agora uma memória distante, como uma flor murchando em solo infértil.

A paciência, a bondade, a humildade e o altruísmo são vistos como fraquezas em um mundo que glorifica o poder e a supremacia individual. A degradação moral avança a passos largos, enquanto o caos consome as relações humanas.

Esse cenário lembra as palavras de Cristo em Mateus 24:12: "E, por se multiplicar a iniquidade, o amor de muitos esfriará." Esse esfriamento do amor não é apenas uma profecia; é a realidade que testemunhamos diariamente.

Famílias divididas, amizades descartáveis, casamentos fragilizados, tudo isso reflete um mundo onde o amor é cada vez mais descartado.

O Pico da Pirâmide: Uma Ilusão Perigosa

O topo da pirâmide social é o objetivo de muitos, mas poucos percebem que ele é um lugar de desespero e vazio. O homem que alcança esse pico geralmente o faz à custa de sua alma.

Ele sacrifica relações genuínas, paz interior e sua essência verdadeira por uma posição que, no final, não satisfaz.

Quando olhamos para aqueles que chegaram ao "topo", ricos, poderosos e influentes,vemos uma profunda inquietação. Eles não encontram consolo em suas conquistas, pois o poder sem amor é um fardo insuportável. No entanto, a ilusão permanece: outros continuam a lutar para chegar a esse lugar, repetindo o ciclo de destruição.

O Caminho de Retorno

Mas há uma saída desse caos infernal. O amor não está morto; ele apenas foi sufocado pelas camadas de egoísmo e vaidade que a humanidade construiu ao seu redor. Recuperá-lo exige coragem e uma decisão consciente de nadar contra a corrente.

Essa recuperação começa com pequenos atos de resistência contra a cultura do ego.

Perdoar verdadeiramente, mesmo quando não há vantagem nisso. Amar sem esperar retorno. Valorizar o próximo como um fim em si mesmo, não como um meio para um objetivo. É nesses gestos simples que o verdadeiro amor pode ser reavivado.

O apóstolo Paulo nos ensina em 1 Coríntios 13 que o amor é paciente, bondoso, não invejoso ou orgulhoso. Esse amor é o antídoto para o colapso da pirâmide social. É a força que pode restaurar o equilíbrio perdido e trazer esperança ao caos.

O Futuro do Amor

A grande questão é: estamos dispostos a abandonar nossas rivalidades e egos para reconstruir o alicerce do amor? Ou continuaremos nessa trajetória de autodestruição, onde o caos prevalece?

O futuro não está escrito, mas as escolhas que fazemos hoje definirão o destino da humanidade.

O amor verdadeiro ainda pode triunfar, mas ele exige sacrifício. Sacrifício de ego, de poder e de vaidade. A pergunta que permanece é: seremos capazes de nos render a esse amor antes que seja tarde demais?

Conclusão

O Livro de Enoque é uma obra de grande profundidade e complexidade. Nos conduz por uma jornada que revela os mistérios do cosmos, da queda dos anjos e da corrupção na Terra. Mas, muito mais que isto; revela o ego.

O ego que devora a humanidade.

O ego que quer o poder perde os limites dos valores divinos existentes em si mesmo e nos outros.

Fazendo isto extrapola a própria justiça divina e estabelece novos valores próprios com base em seus interesses. Assim acontece de maneira geral com as sociedades atuais.

Mas para que o ego seja agigantado e isto aconteça, precisará exterminar todos os valores humanos que existem. Isso tanto a nível pessoal como coletivo.

O indivíduo se tornará então frio, desprovido de sentimentos.

É um tema profundo e simbólico o qual mostra a transformação da essência humana quando o ego, com sua busca incessante por poder e controle, ultrapassa os valores divinos e naturais que sustentam a justiça e a harmonia.

Essa extrapolação representa uma desconexão com a essência espiritual e moral, levando à substituição dos valores universais por padrões egoístas e egocêntricos.

O ego, ao buscar impor seus próprios interesses, destroi as fundações humanas e espirituais que o conectam à coletividade, ao amor e à compaixão. Isso resulta em um estado de frieza, onde o indivíduo perde a capacidade de sentir empatia ou de estabelecer conexões verdadeiras.

Essa desconexão transforma o ser humano em algo desumanizado, focado unicamente em si mesmo, incapaz de reconhecer a interdependência que sustenta a vida.

Também reflito sobre o preço dessa busca desenfreada pelo poder onde a perda da essência divina deixa conferir significado e equilíbrio à vida.

Essa "destruição de valores humanos existentes" ecoa na sociedade como um todo, criando um ambiente marcado pela indiferença, pela solidão e pela ausência de princípios universais.

Essa ideia pode ser vista como um alerta espiritual e ético sobre os perigos de uma vida regida pelo ego, reforçando a importância de valores como humildade, altruísmo e justiça divina para preservar tanto o indivíduo quanto a coletividade.

Ao longo de seus capítulos, a mensagem central é clara: a justiça divina prevalecerá sobre o mal, e o julgamento será inevitável.

O relato da visão de Enoque transcende o simples contexto terrestre e abre uma perspectiva cósmica e espiritual do universo, mostrando que os erros dos seres celestiais e humanos serão corrigidos no tempo determinado por Deus.

O caráter apocalíptico e visionário do livro oferece uma advertência e uma esperança para a humanidade. Enoque, um profeta fiel, que é transportado ao céu para testemunhar as realidades ocultas da criação, revela tanto a punição para os injustos quanto a recompensa para os justos.

Sua mensagem é uma chamada para que o ser humano reflita sobre sua própria conduta e busque alinhar-se com a vontade divina.

Embora o Livro de Enoque tenha sido excluído da maioria dos cânones bíblicos ocidentais, ele continua sendo uma fonte significativa de reflexão teológica, especialmente sobre o mal, a justiça e o destino final da humanidade.

Sua influência pode ser vista em outras obras apocalípticas e na tradição cristã primitiva. Ao mergulhar nos mistérios revelados a Enoque, somos lembrados da nossa própria finitude e da responsabilidade que temos em moldar nossas vidas de acordo com os princípios da justiça, da fé e da retidão.

Em última análise, Os Mistérios do Livro de Enoque nos convidam a contemplar o plano divino e nos preparam para a compreensão de que o julgamento divino é uma expressão do amor e da justiça de Deus, e que, no final, a ordem será restaurada. A vitória final pertence àqueles que, como Enoque, caminham com Deus.

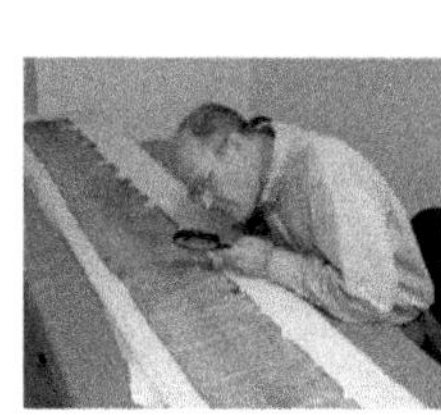

Reginaldo Terron é um artista e autor que tem explorado temas relacionados à espiritualidade, autoconhecimento e religiosidade em suas obras.

Ele é conhecido por seus projetos musicais e literários que abordam questões filosóficas e introspectivas.

Entre suas produções estão álbuns como *"Portrait of Soul"*, *"Mistérios antes e pós à porta"* e *"Caminhos de Uma Religiosidade Pervertida"*, lançados entre 2020 e 2023. Suas composições e reflexões frequentemente tocam em temas como a busca pela essência e o papel da consciência na superação do caos interior

Além de sua produção musical, ele também contribui para discussões sobre espiritualidade por meio de textos e álbuns que abordam tópicos como o Livro de Enoque, a transcendência espiritual e os desafios da vida moderna em relação à busca por significado.

Se você tem interesse em saber mais sobre as ideias ou trabalhos dele, posso ajudá-lo a explorar algum aspecto específico de sua obra!

Reginaldo Terron aborda temas como espiritualidade, transcendência e consciência em sua produção artística, tanto musical quanto literária.

Suas obras são marcadas por uma reflexão profunda sobre a alma e a religiosidade, frequentemente trazendo críticas ao excesso de formalismo e à corrupção de valores espirituais. Entre seus trabalhos estão:

1. **Música e Álbuns**:
   Ele lançou álbuns como *"Portrait of Soul"* e *"Mistérios antes e pós à porta"*. Suas composições exploram conceitos como o despertar da alma, a luta contra o caos interno e a busca por graça divina
   .
2. **Livros e Reflexões**:
   Sua obra literária inclui discussões sobre a espiritualidade contida no *Livro de Enoque* e críticas à religiosidade distorcida, como exemplificado em títulos como *"Caminhos de Uma Religiosidade Pervertida"* e *"Os Mistérios do Livro de Enoque Completo"*. Ele utiliza esses temas para investigar a essência humana e os desafios modernos na busca pela verdade
   .
3. **Temas Centrais**:
   Ele frequentemente explora a ideia de "portas" que simbolizam níveis de consciência ou etapas no crescimento espiritual. Essas metáforas refletem a necessidade de preparação para avançar em dimensões mais elevadas de entendimento.

Se quiser explorar alguma obra específica ou tema, posso ajudá-lo a aprofundar a análise ou localizar mais informações.

Dentre seus trabalhos, **"Os Mistérios do Livro de Enoque Completo"** se destaca por explorar os ensinamentos espirituais desse texto apócrifo, conectando-os a reflexões modernas sobre transcendência e consciência.

Este livro aborda questões como:

- O papel dos *sentinelas* na corrupção da humanidade.
- A luta espiritual representada pelos Nephilim e seu impacto na alma.
- A conexão entre as tradições antigas e os desafios modernos na busca por significado e essência.

Além disso, a metáfora das "portas" em seus trabalhos sugere diferentes níveis de consciência que precisam ser atravessados com preparação espiritual. Isso é frequentemente acompanhado de uma crítica ao que ele chama de "religiosidade pervertida", apontando para o perigo de se perder a essência em meio a práticas superficiais.

O livro **"Os Mistérios do Livro de Enoque Completo"** de Reginaldo Terron parece ser uma obra densa que mistura elementos de espiritualidade, interpretação simbólica e reflexão sobre os ensinamentos encontrados no *Livro de Enoque*. Embora o texto original de Enoque aborda a queda dos *sentinelas*, a corrupção humana e o surgimento dos Nephilim, Terron amplia esses temas, conectando-os a questões contemporâneas.

Pontos principais da obra:

1. **Os Sentinelas**:
   Reginaldo explora a ideia dos anjos caídos (*sentinelas*), que no texto de Enoque são responsáveis por introduzir a humanidade ao conhecimento proibido e à corrupção. Ele traça paralelos entre esses seres e forças modernas que desviam a essência humana de sua pureza original.
2. **O Caos e os Nephilim**:
   Os Nephilim, descritos como gigantes no *Livro de Enoque*, são reinterpretados em um contexto psicológico e espiritual. Em sua visão, eles simbolizam forças internas e externas que dificultam a busca pela essência e a verdadeira consciência.
3. **O Caminho da Redenção**:
   Terron parece conectar o percurso espiritual proposto por Enoque à necessidade de transcendência moderna, destacando que a humanidade deve superar influências corruptas para alcançar níveis mais elevados de entendimento.
4. **A Metáfora das Portas**:
   Como em outras obras suas, ele usa o conceito de "portas" como metáfora para fases ou níveis de crescimento espiritual. Cada porta requer preparação, dignidade e consciência para ser atravessada.

Este livro se conecta profundamente ao seu trabalho musical e literário, que frequentemente critica a superficialidade da religiosidade atual e exalta a importância do autoconhecimento.

www.ingramcontent.com/pod-product-compliance
Ingram Content Group UK Ltd.
Pitfield, Milton Keynes, MK11 3LW, UK
UKHW021957190726
13853UKWH00004B/1582

9 786526 631805